AF459772

EAUX MINÉRALES

ET

EAUX POTABLES

DE LA FRANCE

Te 163 131

PARIS. — TYPOGRAPHIE LAHURE
Rue de Fleurus, 9

EAUX MINÉRALES

ET

EAUX POTABLES DE LA FRANCE

ANALYSÉES AU BUREAU D'ESSAI

DE L'ÉCOLE DES MINES

DE 1845 A 1877

PARIS

DUNOD, ÉDITEUR

LIBRAIRE DES CORPS DES PONTS ET CHAUSSÉES ET DES MINES

49, QUAI DES GRANDS-AUGUSTINS, 49

1878

HISTORIQUE DU BUREAU D'ESSAI

DE

L'ÉCOLE DES MINES.

Le Bureau d'essai de l'École des Mines a été créé par arrêté du Ministre des Travaux publics en date du 16 novembre 1845.

Il a pour objet spécial l'essai ou l'analyse des substances minérales.

Aux termes de l'arrêté constitutif, les personnes qui désirent obtenir un essai doivent déposer à l'École des Mines les échantillons à analyser, avec une indication de la localité d'où ils proviennent et des conditions de leur gisement. Il leur est ultérieurement délivré un extrait certifié du registre des essais, présentant, suivant les cas, l'analyse complète des échantillons, ou simplement leur teneur en éléments utiles.

Les essais se font gratuitement, dans l'intérêt de l'industrie nationale, de l'agriculture, de l'hygiène publique, ou parfois dans un but exclusivement scientifique.

Depuis sa fondation jusqu'à la fin de l'année 1877, le Bureau d'essai de l'École des Mines a fait 21 873 essais ou analyses, qui peuvent être classés de la manière suivante, d'après la nature des substances examinées :

	NOMBRE d'essais ou analyses.
Alliages métalliques	452
Argiles, kaolins, sables	1 665
Calcaires à chaux grasse, chaux	832
Calcaires à chaux hydraulique, ciments	1 252
Combustibles minéraux	2 343
Eaux minérales, eaux potables, etc.	850
Métaux divers, fontes, aciers, etc.	450
Minerais d'antimoine	61
— d'argent	572
— de cobalt et de nickel	300
— de cuivre	1 981
— d'étain	199
— de fer	3 622
— de manganèse	238
— de mercure	57
— d'or	710
— de plomb	2 970
— de zinc	679
Phosphates, engrais minéraux	550
Pyrites de fer, pyrites arsenicales	503
Sel marin, sels divers	250
Échantillons divers	1 337
Total	21 873

Les noms des Administrateurs de l'École des Mines, et ceux des Ingénieurs et des Chimistes, qui ont dirigé ou exécuté les travaux du Bureau d'essai depuis sa fondation, sont présentés dans le tableau suivant :

DIRECTEURS de L'ÉCOLE DES MINES	INSPECTEURS de L'ÉCOLE DES MINES	DIRECTEURS du BUREAU D'ESSAI	ADJOINTS À LA DIRECTION du BUREAU D'ESSAI	CHIMISTES ou AIDE-CHIMISTES
	1845 - 1847 DUFRÉNOY Ingén. en chef des Mines.	1845 - 1847 EBELMEN, Ingénieur en chef des Mines, Directeur des laboratoires. | RIVOT, Ingénieur des Mines, chargé de la direction des essais. Directeurs des laboratoires et du Bureau d'essai.		1846 PIERRE 1847 CHANCEL
1848 - 1856 DUFRÉNOY Inspecteur gén. des Mines.	1848 - 1855 LEPLAY Ingén. en chef des Mines.		1852 - 1855 BEUDANT Ingénieur des Mines.	1848 - 1862 DAGUIN 1852 - 1853 BOUQUET 1854 - 1855 GORJEU ET DROZ
1857 - 1871 COMBES Inspecteur gén. des Mines.	1856 - 1861 DE SÉNARMONT Ingén. en chef des Mines.	1848 - 1868 RIVOT Ingénieur des Mines	1856 - 1868 MOISSENET Ingénieur des Mines.	1856-1859 DEMANET 1856-1872 DELVAUX
1872 - 1877 DAUBRÉE Inspecteur gén. des Mines.	1862 - 1869 GRÜNER Ingén. en chef des Mines.	1869-1876 MOISSENET Ingénieur des Mines.	1869 - 1877 CARNOT Ingénieur des Mines.	1856 - 1877 RIOULT 1859 LE BAIGUE
	1870 - 1877 DUPONT Ingén. en chef des Mines.	1876 - 1877 CARNOT Ingénieur des Mines.	Novembre 1877 LE CHATELIER Ingénieur des Mines.	1860 - 1864 RIGOUT 1864 - 1877 BRUNET

NOTE EXPLICATIVE.

L'objet de ce volume est de présenter les résultats des analyses qui ont été faites au Bureau d'essai de l'École des Mines sur un certain nombre d'eaux minérales et d'eaux potables des divers départements de la France. Il renferme les tableaux de 180 analyses d'eaux minérales et de 111 analyses d'eaux potables.

Les tableaux d'analyses s'y trouvent classés dans chacun de ces deux groupes suivant l'ordre alphabétique des départements. Ils indiquent, pour chaque échantillon, le nom de la personne qui a fait l'envoi et la date de l'analyse.

Les eaux potables adressées à l'École des Mines étaient, pour la plupart, destinées à l'alimentation des villes ou des établissements publics.

Quant aux eaux minérales, elles ont été, en général, soumises au Bureau d'essai par les propriétaires ou les médecins qui se proposaient de les utiliser.

Presque toutes se rapportent aux classes des eaux alcalines, carbonatées ou chlorurées, quelques-unes à celles des eaux ferrugineuses. Les eaux sulfureuses figurent en petit nombre sur la liste et n'ont été analysées que sur une demande expresse; cette exclusion générale est motivée par la trop facile altération de ces eaux pendant le transport, altération telle que les résultats trouvés sont souvent fort différents, suivant que l'on opère à la source même ou au laboratoire.

Tous les résultats des analyses ont été présentés en indiquant les proportions des acides et des bases dont on avait séparément effectué les dosages, sans chercher à les grouper sous forme de sels, comme on l'a fait dans d'autres publications. Les progrès nouveaux de la thermochimie permettront peut-être désormais de formuler avec certitude les groupements des divers éléments dosés, à la condition toutefois de bien connaître les conditions physiques où se trouvent les eaux à la source. Mais, pour les analyses antérieures, on a cru devoir éviter de semblables groupements, qui auraient été trop souvent hypothétiques.

Les résultats consignés dans ce volume ont été relevés sur les registres du Bureau d'essai de l'École des Mines par M. A. Carnot, ingénieur des Mines, professeur de docimasie et directeur des laboratoires, avec la collaboration de M. L. Rioult, chimiste du Bureau d'essai.

EAUX MINÉRALES.

DÉPARTEMENTS.	NOMBRE des échantillons analysés.
Allier	19
Hautes-Alpes	1
Ardèche	9
Ariége	1
Aude	4
Aveyron	15
Cantal	3
Corse	2
Creuse	6
Drôme	2
Gard	1
Hérault	16
Isère	2
Jura	1
Loire	2
Haute-Loire	1
Lot	2
Lot-et-Garonne	1
Lozère	1
Maine-et-Loire	1
Nièvre	5
Orne	5
Puy-de-Dôme	24
Basses-Pyrénées	1
Hautes-Pyrénées	2
Pyrénées-Orientales	2
Saône-et-Loire	4
Savoie	5
Haute-Savoie	4
Seine-et-Marne	8
Seine-Inférieure	4
Tarn-et-Garonne	2
Vaucluse	2
Vendée	2
Vosges	24
Total	180

EAUX POTABLES.

DÉPARTEMENTS.	NOMBRE des échantillons analysés.
Aisne	5
Allier	5
Cher	4
Côte-d'Or	3
Dordogne	1
Eure	1
Eure-et-Loir	1
Gard	1
Indre	14
Loir-et-Cher	1
Loire-Inférieure	2
Nord	7
Oise	3
Orne	1
Pas-de-Calais	2
Hautes-Pyrénées	8
Saône-et-Loire	4
Seine	6
Seine-et-Marne	17
Seine-et-Oise	10
Somme	4
Tarn	1
Total	111

EAUX MINÉRALES

DÉPARTEMENT DE L'ALLIER.

ARRONDISSEMENT DE LA PALISSE.

EAUX MINÉRALES DE VICHY,

REMISES PAR M. LARDY.

	Hôpital.	Grande-Grille.	Petit-Puits.	Acacias.	Brosson.	Célestins.	Enclos des Célestins.
Résidu fixe par litre	»	»	»	»	»	»	»
ON A DOSÉ PAR LITRE D'EAU :							
Acide carbonique	gr. 3.797	gr. 3.925	gr. 4.188	gr. 4.361	gr. 4.602	gr. 4.654	gr. 5.354
Acide chlorhydrique	0.324	0.334	0.334	0.324	0.344	0.334	0.334
Acide sulfurique.	0.164	0.164	0.164	0.164	0.177	0.164	0.177
Silice.	0.050	0.070	0.070	0.050	0.055	0.060	0.065
Oxyde de fer	traces	traces	traces	traces	traces	traces	0.010
Chaux	0.225	0.171	0.168	0.215	0.242	0.183	0.279
Magnésie	0.064	0.087	0.108	0.088	0.068	0.105	0.076
Potasse.	0.228	0.182	0.192	0.146	0.151	0.163	0.273
Soude	2.500	2.488	2.536	2.501	2.500	2.560	2.486
Arsenic.	tr. faib.	tr. faib.	tr. faib.	tr. faib.	tr. faib.	tr. faib.	tr. faib.
Acide phosphorique	0.025	0.075	0.038	0.038	0.076	0.050	0.044
Total.	7.377	7.496	7.798	7.887	8.215	8.273	9.098

Date de l'analyse : 14 mai 185[illegible].

ARRONDISSEMENT DE LA PALISSE.

EAUX MINÉRALES DE VICHY ET DE CUSSET,

REMISES PAR M. LARDY.

	VICHY.			CUSSET.			
	Grand-Puits carré.	Nouvelle source des Célestins	Puits de Vaisses.	Ste-Marie.	Hôpital.	Dames.	Abattoir.
Résidu fixe par litre	»	»	»	»	»	»	»
ON A DOSÉ PAR LITRE D'EAU :							
Acide carbonique	gr. 3.925	gr. 4.647	gr. 4.173	gr. 5.004	gr. 5.053	gr. 4.324	gr. 5.280
Acide chlorhydrique	0.334	0.344	0.318	0.283	0.293	0.222	0.324
Acide sulfurique	0.164	0.177	0.137	0.192	0.192	0.141	0.164
Silice	0.068	0.065	0.061	0.075	0.034	0.032	0.032
Oxyde de fer	0.001	0.020	traces	0.024	0.010	0.011	0.011
Chaux	0.166	0.275	0.268	0.259	0.277	0.237	0.285
Magnésie	0.107	0.177	0.122	0.148	0.147	0.137	0.170
Potasse	0.196	0.120	0.115	0.138	0.131	0.098	0.142
Soude	2.445	2.124	1.912	2.3444	2.397	1.957	2.531
Acide phosphorique	0.015	traces	0.088	»	»	»	»
Acide arsénique	0.014	traces	traces	0.001	0.012	0.014	0.014
Strontiane	traces	traces	—	—	—	—	—
Total	7.435	7.949	7.194	8.4684	8.546	7.173	8.953

Date de l'analyse : (1 à 3) 18 septembre 1853. — (4 à 7) 7 décembre 1852.

ARRONDISSEMENT DE GANNAT.

EAUX MINÉRALES D'HAUTERIVE ET DE BRUGHÉAS,

REMISES PAR M. LARDY.

	Hauterive.	Brughéas.
Résidu fixe par litre	»	»
ON A DOSÉ PAR LITRE D'EAU :		
Acide carbonique	gr. 5.113	gr. 0.864
Acide chlorhydrique	0.344	0.076
Acide sulfurique	0.164	0.014
Silice	0.071	0.036
Oxyde de fer	0.007	0.011
Chaux	0.170	0.088
Magnésie	0.160	0.048
Potasse	0.098	0.029
Soude	2.368	0.431
Acide phosphorique	0.025	0.025
Acide arsénique	traces	»
Total	8.510	1.622

Date de l'analyse : (1) 27 décembre 1852. — (2) 18 septembre 1853.

EAUX MINÉRALES DE L'ARGENTIÈRE,

REMISES PAR M. GAIGNIÈRE.

		Source Sainte-Claire.
Résidu fixe par litre	gr. 4.600	gr. 5.220
ON A DOSÉ PAR LITRE D'EAU :		
Acide carbonique	gr. 2.210	gr. 3.241
Acide chlorhydrique	0.303	0.250
Acide sulfurique	0.874	0.796
Silice	0.046	0.035
Oxyde de fer	0.023	0.020
Chaux	0.173	0.230
Magnésie	0.133	0.278
Potasse	absence	absence
Soude	1.388	2.300
Total	5.150	7.150

Date de l'analyse : 2 janvier 1857.

ARRONDISSEMENT DE MOULINS

EAU MINÉRALE DE BOURBON-L'ARCHAMBAULT,

REMISE PAR M. DE GOUVENAIN.

	Bourbon-l'Archambault.
Résidu fixe par litre	gr. 2.942
ON A DOSÉ PAR LITRE D'EAU :	
Acide carbonique	gr. 1.066
Acide chlorhydrique	1.078
Acide sulfurique	0.313
Silice	0.085
Oxyde de fer	0.010
Chaux	0.163
Magnésie	0.028
Potasse	0.022
Soude	1.499
Total	4.264

Date de l'analyse : 23 octobre 1860.

DÉPARTEMENT DES HAUTES-ALPES.

ARRONDISSEMENT DE GAP.

EAU MINÉRALE SULFUREUSE DE BONNE,

REMISE PAR M. HERMITTE.

	Environs de Bonne.
Résidu fixe par litre	gr. 0.8050
ON A DOSÉ PAR LITRE D'EAU :	
Acide carbonique des bicarbonates	gr. 0.1902
Acide chlorhydrique	0.2794
Acide sulfurique	0.0288
Silice	0.0382
Oxyde de fer	0.0033
Chaux	0.0952
Magnésie	0.0183
Potasse	traces
Soude	0.2968
Lithine	traces très-faibles
Acide sulfhydrique	0.0102
Matières organiques	0.0140
Total	0.9744

Date de l'analyse : 30 septembre 1877.

DÉPARTEMENT DE L'ARDÈCHE.

ARRONDISSEMENT DE L'ARGENTIÈRE.

EAUX MINÉRALES DE NEYRAC,

REMISES PAR M. RAYMONDOT.

	Source des Lépreux.	Source Jaune.	Source des Bains.
Résidu fixe par litre	»	»	»
ON A DOSÉ PAR LITRE D'EAU :			
Acide carbonique	gr. 1.5230	gr. 2.1810	gr. 2.6920
Acide chlorhydrique	0.0200	0.0410	0.0500
Acide sulfurique	0.0070	0.0220	0.0350
Silice	0.0550	0.1100	0.1420
Oxyde de fer	0.0050	0.0180	0.0200
Chaux	0.2570	0.3150	0.3670
Magnésie	0.0380	0.0820	0.1190
Potasse	0.0210	0.0290	0.0450
Soude	0.0840	0.2800	0.4190
Strontiane	traces	traces	traces
Acide arsénique	traces	traces	traces
Matières organiques	traces	traces	traces
Total	2.0100	3.0780	3.8890

Date de l'analyse : 27 août 1854.

ARRONDISSEMENT DE PRIVAS.

EAUX MINÉRALES DE VALS,

REMISES PAR M. BEAU.

		Nouvelle source.	Françoise.	Sophie.	Augustine.	Sondage nº 2.
Résidu fixe par litre	gr. 0.6000	gr. 3.8200	gr. 1.8900	gr. 2.8600	gr. 4.2300	gr. 4.7600
ON A DOSÉ PAR LITRE D'EAU :						
Acide carbonique { libre	gr. 1.9000	gr. 0.7870	gr. 1.2021	gr. 1.4140	gr. 1.0779	gr. 0.5428
Acide carbonique { des bicarbonates		3.0540	1.4620	2.2510	3.3018	3.7232
Acide chlorhydrique	0.0350	0.0910	0.0381	0.0482	0.0837	0.0925
Acide sulfurique	0.0240	0.0420	0.0223	0.0241	0.0362	0.0308
Silice	0.0550	0.0800	0.0250	0.0230	0.0400	0.0450
Oxyde de fer	0.0100	0.0150	0.0075	0.0090	0.0120	0.0080
Chaux	0.0100	0.0950	0.0550	0.0420	0.0640	0.0520
Magnésie	0.0210	0.0540	0.0329	0.0274	0.0439	0.0403
Potasse	0.0230	0.1150	0.0423	0.0519	0.1057	0.1154
Soude	0.2800	1.8860	0.9342	1.5182	2.2115	2.5262
Lithine	»	»	traces	tr. sens.	tr. sens.	tr. sens.
Matières organiques	»	»	0.0070	0.0080	0.0090	0.0070
Total	2.3580	6.2190	3.9184	5.4168	6.9857	7.1832

Date de l'analyse : (1) 30 octobre 1867. — (2 à 6) 30 juillet 1874.

DÉPARTEMENT DE L'ARIÉGE.

ARRONDISSEMENT DE FOIX.

EAU MINÉRALE D'USSAT-LES-BAINS

(Canton de Tarascon),

REMISE PAR M. INCONDAMY.

	Source d'Ussat.
Résidu fixe par litre	gr. 0.155
ON A DOSÉ PAR LITRE D'EAU :	
Acide carbonique	gr. 0.065
Acide chlorhydrique	0.005
Acide sulfurique	0.015
Silice	0.055
Oxyde de fer	traces
Chaux	0.010
Magnésie	traces
Potasse	0.011
Soude	0.032
Acide arsénique	0.001
Total	0.194

Date de l'analyse : 8 août 1861.

DÉPARTEMENT DE L'AUDE.

ARRONDISSEMENT DE LIMOUX.

EAUX MINÉRALES D'ALET,

REMISES PAR M. LARADE.

	Source thermale.	Source ferrugineuse.
Résidu fixe par litre	»	»
ON A DOSÉ PAR LITRE D'EAU :		
Acide carbonique.	gr. 0.0590	gr. 0.0150
Acide chlorhydrique	0.0310	traces
Acide sulfurique.	0.0200	0.0200
Silice.	»	»
Oxyde de fer.	0.0110	0.0250
Chaux.	0.1010	0.0450
Magnésie	0.0260	0.0200
Potasse.	traces	traces
Soude.	0.0710	0.0250
Acide phosphorique.	0.0820	0.0500
Total.	0.4910	0.2000

Date de l'analyse : 12 septembre 1850.

ARRONDISSEMENT DE LIMOUX.

EAUX MINÉRALES DE GINOLES,

REMISES PAR M. MARTIN.

		Source pour bains.	Source pour boisson.
Résidu fixe par litre		»	»
ON A DOSÉ PAR LITRE D'EAU :			
Acide carbonique	des carbonates neutres	gr. 0.1154	gr. 0.0060
	en excès	0.0750	0.0450
Acide chlorhydrique		»	»
Acide sulfurique		0.2222	0.2283
Silice		»	»
Oxyde de fer		»	»
Chaux		0.2043	0.0940
Magnésie		0.0600	0.1012
Potasse		»	»
Soude		0.0131	0.0090
Total		0.6900	0.5435

Date de l'analyse : 21 juillet 1846.

DÉPARTEMENT DE L'AVEYRON.

ARRONDISSEMENT DE SAINT-AFFRIQUE.

EAUX MINÉRALES D'ANDABRE,

REMISES PAR M. BONHOURE, M. LE Dr GALTIER-BOISSIÈRE, ET M. ROUSSAC.

		Nouvelle source.	Nouvelle source Fonclare 29°.	Prugnes-Camarès.
Résidu fixe par litre	gr. 3.2200	gr. 5.2400	gr. 0.7540	gr. 1.7450
ON A DOSÉ PAR LITRE D'EAU :				
Acide carbonique libre	gr. 2.7090	gr. 0.1250	gr. 0.1336	1.5195
Acide carbonique des bicarbonates		0.3530	0.3846	1.4070
Acide chlorhydrique	0.1030	2.3052	0.1524	0.0381
Acide sulfurique	0.4463	0.6025	0.0360	0.0209
Silice	0.0150	0.0350	0.0240	0.0295
Oxyde de fer	»	0.0070	0.0073	0.0086
Chaux	0.2750	0.1480	0.1510	0.2830
Magnésie	0.0787	0.0549	0.0402	0.0915
Potasse	absence	absence	traces	0.0096
Soude	1.2096	2.4247	0.1940	0.5775
Matières organiques	»	0.0320	0.0072	0.0084
Lithine	»	traces	traces	traces
Total	4.8366	6.0873	1.1303	3.9936

Date de l'analyse : (1) 28 février 1858. — (2) 30 juillet 1874. — (3) 31 juillet 1876. — (4) 30 septembre 1876.

ARRONDISSEMENT DE VILLEFRANCHE.

EAUX MINÉRALES DE CRANSAC

(contenant une forte proportion d'acide sulfurique libre),

REMISES PAR M. DE SERAINCOURT.

	Source basse douce Richard.	Source haute forte Richard.	Source du hameau de Fraysse.	Source Beselgues.	Source basse à Laver.	Source forte à Laver.
Résidu fixe par litre	»	»	»	»	»	»
ON A DOSÉ PAR LITRE D'EAU :						
Acide chlorhydrique	gr. 0.030	gr. 0.030	gr. 0.020	gr. 0.030	gr. 0.030	gr. 0.030
Acide sulfurique	3.100	2.200	0.920	1.140	2.330	1.710
Silice	»	»	»	0.090	0.050	0.070
Oxyde de fer. — Alumine	0.460	0.140	0.140	0.035	8.140	0.050
Chaux	0.910	0.720	0.420	0.305	0.630	0.450
Magnésie	0.260	0.050	0.020	0.050	0.200	0.200
Soude	0.100	0.030	0.014	0.230	0.440	0.410
Oxyde de manganèse	0.360	8.010	0.050	8.045	0.160	0.040
Acide phosphorique	0.180	0.160	0.160	traces	»	»
Total	5.400	3.340	1.699	1.925	3.980	2.960

Date de l'analyse : (1 à 3) 26 avril 1849. — (4 à 6) 25 décembre 1849.

ARRONDISSEMENT DE SAINT-AFFRIQUE.

EAUX MINÉRALES DE SYLVANÈS,

REMISES PAR M. CARRIÈRE MONTZONNI.

	Source des Moines.	Petites baignoires.	Petites eaux.	Bains nouveaux.
Résidu fixe par litre	gr. 0.6400	gr. 0.6650	gr. 0.6950	gr. 0.6850
ON A DOSÉ PAR LITRE D'EAU :				
Acide carbonique	gr. 0.4810	gr. 0.4600	gr. 0.5040	gr. 0.4900
Acide chlorhydrique	0.1644	0.1644	0.1644	0.1644
Acide sulfurique	0.0600	0.0610	0.0215	0.0225
Silice	0.0275	0.0350	0.0400	0.0400
Oxyde de fer et alumine	0,0300	0.0750	0.0200	0.0200
Chaux	0.1400	0.1525	0.1550	0.1550
Magnésie	0.0080	0.0050	0.0475	0.0275
Potasse	absence	absence	absence	absence
Soude	0.1625	0.1720	0.1930	0.2105
Total	1.0734	1.1249	1.1454	1.1299

Date de l'analyse : 4 août 1858.

ARRONDISSEMENT D'ESPALION.

EAU MINÉRALE DE BROMMAT,

REMISE PAR M. G. GAMARD.

	Brommat.
Résidu fixe par litre	gr. 0.6220
ON A DOSÉ PAR LITRE D'EAU :	
Acide carbonique libre	gr. 0.7351
Acide carbonique des bicarbonates	0.4958
Acide chlorhydrique	0.0152
Acide sulfurique	0.0137
Silice	0.0052
Oxyde de fer	0.0125
Chaux	0.1520
Magnésie	0.0512
Potasse	0.0211
Soude	0.1034
Matières organiques	0.0055
Total	1.6107

Date de l'analyse : 28 février 1873.

DÉPARTEMENT DU CANTAL.

ARRONDISSEMENTS DE MURAT (1), SAINT-FLOUR (2), AURILLAC (3).

EAUX MINÉRALES DE FOUILLOUX (près Cheylade) (1), DE SAINTE-MARIE-DE-PIERREFORT (2), DE MARCOLÈS (près Saint-Mamet) (3),

REMISES PAR M. CL. GAUTIER (1), M. MOLENIER (2), M. D'HUMIÈRES (3).

	Fouilloux.	Sainte-Marie-de-Pierrefort.	Marcolès.
Résidu fixe par litre	gr. 1.7300	gr. 0.5700	gr. 0.0610
ON A DOSÉ PAR LITRE D'EAU :			
Acide carbonique — libre	gr. 1.2731	gr. 1.7009	gr. 0.0288
Acide carbonique — des bicarbonates	1.2960	0.4214	
Acide chlorhydrique	0.0381	0.0305	0.0043
Acide sulfurique	0.0798	0.0120	0.0042
Silice	0.0230	0.0110	0.0036
Oxyde de fer	0.0050	0.0090	0.0105
Chaux	0.0820	0.0780	0.0123
Magnésie	0.1464	0.0439	0.0024
Potasse	0.04[illegible]1	0.0102	traces
Soude	0.6540	0.1653	0.0055
Lithine	traces	tr. sens.	»
Matières organiques	0.0130	0.0080	0.0095
Total	3.6585	2.4902	0.0811

Date de l'analyse : (1) 30 septembre 1874. — (2) 30 novembre 1875. — (3) 31 juillet 1877.

DÉPARTEMENT DE LA CORSE.

EAUX MINÉRALES DE PARDINA ET D'ORNASO,

REMISES PAR M. GARELLI ET M. ZANNICOTI.

	Pardina.	Ornaso.
Résidu fixe par litre	gr. 0.3100	gr. 1.6520
ON A DOSÉ PAR LITRE D'EAU :		
Acide carbonique — libre	gr. 1.5061	gr. 0.2443
Acide carbonique — des bicarbonates	0.2354	1.1908
Acide chlorhydrique	0.0076	0.1623
Acide sulfurique	0.0068	traces
Silice	0.0030	0.0235
Oxyde de fer	0.0090	0.0082
Chaux	0.1350	0.5040
Magnésie	0.0146	0.0437
Potasse	traces	0.0038
Soude	0.0064	0.3510
Matières organiques	0.0030	0.0062
Total	1.9269	2.5378

Date de l'analyse : (1) 15 septembre 1873. — (2) 10 décembre 1877.

DÉPARTEMENT DE LA CREUSE.

ARRONDISSEMENT D'AUBUSSON.

EAUX MINÉRALES D'ÉVAUX-LES-BAINS,

REMISES PAR M. ANDRIEUX.

	Source du grand Bassin carré.	Source du Rocher.	Puits de César.	Puits dit des Jeunes filles	Source Ste-Marie.	Puits du Bain-de-Vapeur.
Résidu fixe par litre	gr. 1.4400	gr. 1.4350	gr. 1.4300	gr. 1.4420	gr. 1.4210	gr. 1.4260
ON A DOSÉ PAR LITRE D'EAU :						
Acide carbonique des bicarbonates	gr. 0.2040	gr. 0.2382	gr. 0.2242	gr. 0.2306	gr. 0.2176	gr. 0.2108
Acide chlorhydrique	0.1504	0.1403	0.1449	0.1486	0.1474	0.1412
Acide sulfurique	0.4720	0.4715	0.4635	0.4669	0.4602	0.4703
Silice	0.0790	0.0770	0.0740	0.0705	0.0774	0.0715
Oxyde de fer	0.0029	0.0025	0.0020	0.0023	0.0027	0.0018
Chaux	0.0402	0.0393	0.0381	0.0317	0.0408	0.0327
Magnésie	0.0156	0.0168	0.0148	0.0140	0.0160	0.0142
Potasse	0.0126	0.0110	0.0117	0.0119	0.0121	0.0114
Soude	0.6074	0.6018	0.6041	0.6153	0.5960	0.6027
Arsenic	absence	absence	absence	absence	absence	absence
Lithine	tr. not.	tr. not.	tr. not.	tr. not.	tr. not.	tr. not.
Matières organiques	0.0045	traces	0.0042	0.0020	0.0025	0.0040
Total	1.5886	1.5984	1.5815	1.5938	1.5727	1.5606

Date de l'analyse : 21 décembre 1877.

DÉPARTEMENT DE LA DROME.

ARRONDISSEMENT DE NYONS

EAUX MINÉRALES SULFUREUSES DE MONTBRUN,

REMISES PAR M. LE MARQUIS D'AULAN.

	Source des Roches.	Source des Plâtrières.
Résidu fixe par litre	gr. 2.5200	gr. 2.3800
ON A DOSÉ PAR LITRE D'EAU :		
Acide carbonique	gr. 0.2561	gr. 0.3082
Acide chlorhydrique	0.0305	0.0228
Acide sulfurique	1.3377	1.1799
Silice	0.0250	0.0300
Oxyde de fer	0.0085	0.0072
Chaux	0.8320	0.8700
Magnésie	0.1390	0.0658
Potasse	traces	traces
Soude	0.0690	0.0510
Acide sulfhydrique	traces	traces
Matières organiques	0.0130	0.0150
Total	2.7108	2.5499

Date de l'analyse : 6 mai 1874.

DÉPARTEMENT DU GARD.

ARRONDISSEMENT D'ALAIS.

EAU MINÉRALE SULFUREUSE DE SAINT-MARTIN-DE-VALGALGUES,

REMISE PAR M. CRESPON.

	Saint-Martin-de-Valgalgues.
Résidu fixe par litre	gr. 0.2740
ON A DOSÉ PAR LITRE D'EAU :	
Acide carbonique des bicarbonates	gr. 0.2145
Acide chlorhydrique	0.0152
Acide sulfurique.	0 0308
Silice.	0.0120
Oxyde de fer	0.0047
Chaux	0.0870
Magnésie	0.0183
Potasse.	0.0096
Soude	0.0158
Lithine	trac. faibl.
Acide sulfhydrique	0.0041
Matières organiques	0.0150
Total.	0.4270

Date de l'analyse : 30 janvier 1875.

DÉPARTEMENT DE L'HÉRAULT.

ARRONDISSEMENT DE MONTPELLIER.

EAUX CHLORURÉES DE BALARUC,

ENVOYÉES PAR LE MINISTRE DES TRAVAUX PUBLICS.

	Source ancienne.	Puits communal	Puits du Luxembourg.	Puits du Parc.	Étang de Thau.	Naissant I du puits communal	Naissant II du puits communal
Résidu fixe par litre	gr. 9.173	gr. 9.230	gr. 9.418	gr. 10.478	gr. 38.963	gr. 8.856	gr. 9.236
ON A DOSÉ PAR LITRE D'EAU :							
Acide carbonique des bicarbonates	gr. 0.346	gr. 0.276	gr. 0.349	gr. 0.353	gr. 0.103	gr. 0.493	gr. 0.343
Acide carbonique des carbonates neutres	0.137	0.137	0.185	0.491	traces		
Chlore	4.776	4.757	4.841	5.405	21.343	4.674	4.843
Acide sulfurique	0.609	0.593	0.620	0.729	2.458	0.574	0.545
Silice	0.019	0.017	0.021	0.010	0.002	»	»
Oxyde de fer et alumine	0.006	0.004	traces	0.005	1.115	»	»
Chaux	0.705	0.719	0.741	0.982	0.421	0.980	0.672
Magnésie	0.380	0.337	0.427	0.522	2.197	0.196	0.322
Potasse	0.106	0.135	0.116	0.176	0.483	0.104	0.098
Soude	3.448	3.603	3.694	4.079	14.776	2.981	3.306
Total	10.532	10.578	10.994	12.752	42.898	10.002	10.629

Date de l'analyse : 15 novembre 1871.

ARRONDISSEMENT DE MONTPELLIER.

EAU MINÉRALE CHLORURÉE DE CETTE,

ENVOYÉE PAR M. VIVARÈS, NOTAIRE, AU NOM DE M. EUZET.

	Cette.
Résidu fixe par litre	gr. 8.0850
ON A DOSÉ PAR LITRE D'EAU :	
Acide carbonique	gr. 0.3842
Acide chlorhydrique	4.2350
Acide sulfurique	0.5492
Silice	0.0520
Oxyde de fer	0.0035
Chaux	0.6230
Magnésie	0.3844
Potasse	0.1153
Soude	2.9516
Matières organiques	0.0230
Total	9.3212

Date de l'analyse : 22 juillet 1873.

ARRONDISSEMENT DE BÉZIERS.

EAUX MINÉRALES DE LAMALOU,

REMISES PAR M. COMBES, DIRECTEUR DE L'ÉCOLE DES MINES.

	LAMALOU-LE-HAUT			LAMALOU-L'ANCIEN		LAMALOU DU CENTRE	LAMALOU DU CENTRE
	Source chaude	Source tempérée	Source du Pet.-Vichy	Source ancienne	Source nouvelle	Source Bourges	Source Capus
Résidu fixe par litre	gr. 0.8325	gr. 0.8125	gr. 0.8400	gr. 1.3000	gr. 1.2770	gr. 0.7700	gr. 0.3200
ON A DOSÉ PAR LITRE D'EAU :							
Acide carbonique libre	gr. 0.0920	gr. 0.1720	gr. 0.3300	gr. 0.2220	gr. 0.2766	gr. 0.2170	gr. 0.0846
Acide carbonique des bicarbonates	0.8160	0.7360	0.7940	1.0480	0.9102	0.8380	0.3124
Acide chlorhydrique	0.0175	0.0252	0.0111	0.0185	0.0252	0.0180	0.0175
Acide sulfurique	0.0275	0.0275	0.0257	0.0498	0.0223	0.0220	0.0550
Silice	0.0400	0.0400	0.0550	0.0550	0.0650	0.0300	0.0200
Oxyde de fer	0.0200	0.0175	0.0100	0.0175	0.0200	0.0100	0.0250
Chaux	0.2200	0.2200	0.2300	0.3250	0.2750	0.2300	0.0900
Magnésie	0.0713	0.0673	0.0562	0.0933	0.0842	0.0366	0.0256
Potasse	0.1171	0.0882	0.1070	0.1302	0.1321	0.0403	0.0771
Soude	0.1766	0.1446	0.3523	0.2835	0.4207	0.1818	0.0170
Matières organiques	traces	traces	traces	traces	traces	traces	traces
Total	1.5980	1.5383	1.9713	2.2428	2.2313	1.6237	0.7245

Date de l'analyse : 3 mars 1868.

ARRONDISSEMENT DE MONTPELLIER.

EAU MINÉRALE DE PALAVAS,

REMISE PAR M. DE CASTELNAU, INGÉNIEUR DES MINES.

		Palavas.
Résidu fixe par litre		gr. 17.900
ON A DOSÉ PAR LITRE D'EAU :		
Acide carbonique	libre	gr. 1.7554
	des bicarbonates	1.3682
Acide chlorhydrique		0.0863
Acide sulfurique		0.0308
Silice		0.0230
Oxyde de fer		0.0613
Chaux		0.7840
Magnési		0.0439
Potasse		0.0192
Soude		0.0604
Lithine		trac. sens.
Matières organiques		0.0220
Total		4.2545

Date de l'analyse : 30 juin 1875.

DÉPARTEMENT DE L'ISÈRE.

ARRONDISSEMENT DE GRENOBLE.

EAUX MINÉRALES DE LAMOTHE-LES-BAINS,

REMISES PAR M. DUBOUCHET.

	Source du Puits.	Source de la Dame.
Résidu fixe par litre	»	»
ON A DOSÉ PAR LITRE D'EAU :		
Acide carbonique	gr. 0.228	gr. 0.206
Acide chlorhydrique	1.052	1.515
Acide sulfurique	0.768	1.060
Silice	»	»
Oxyde de fer	traces	0.100
Chaux	0.615	1.060
Magnésie	0.103	0.149
Potasse	absence	absence
Soude	3.432	4.535
Total	6.198	8.625

Date de l'analyse : 26 avril 1875.

DÉPARTEMENT DU JURA.

ARRONDISSEMENT DE DOLE.

EAU MINÉRALE DE LA MUIRE,

REMISE PAR M. BRIET.

	Muire.
Résidu fixe par litre d'eau.	gr. 2.660
ON A DOSÉ PAR LITRE D'EAU :	
Acide carbonique.	gr. 0.342
Acide chlorhydrique	0.845
Acide sulfurique	0.326
Silice.	0.025
Oxyde de fer.	traces
Chaux	0.340
Magnésie	traces
Potasse.	»
Soude	1.005
Total.	2.883

Date de l'analyse : 16 août 1865.

DÉPARTEMENT DE LA LOIRE.

ARRONDISSEMENT DE SAINT-ÉTIENNE.

EAUX FERRUGINEUSES DE VIRIEU-SUR-PÉLUSSIN,

REMISES PAR M. HENRY, INGÉNIEUR DES MINES.

	Source de gauche.	Source de droite.
Résidu fixe par litre	gr. 0.1470	gr. 0.1120
ON A DOSÉ PAR LITRE D'EAU :		
Acide carbonique	gr. 0.1034	gr. 0.0734
Acide chlorhydrique	0.0038	0.0035
Acide sulfurique	0.0085	0.0103
Silice	0.0075	0.0080
Oxyde de fer	0.0190	0.0070
Chaux	0.0370	0.0320
Magnésie	0.0092	0 0073
Potasse	»	»
Soude	0.0034	0.0032
Arsenic (dans le dépôt à la source)	absence	absence
Matières organiques	0.0120	0.0090
Total	0.2038	0.1537

Date de l'analyse : 30 juillet 1874.

DÉPARTEMENT DE LA HAUTE-LOIRE.

ARRONDISSEMENT DU PUY.

EAU MINÉRALE DES EXTREYS,

REMISE PAR M. LE Dr VIBERT.

	Village des Extreys.
Résidu fixe par litre	gr. 2.2110
ON A DOSÉ PAR LITRE D'EAU :	
Acide carbonique	gr. 1.4456
Acide chlorhydrique	0.5614
Acide sulfurique	0.0515
Silice	0.0500
Oxyde de fer	0.0200
Chaux	0.2075
Magnésie	0.1006
Potasse	traces
Soude	0.8305
Matières organiques	»
Total	3.2671

Date de l'analyse : 21 mars 1872.

DÉPARTEMENT DU LOT.

ARRONDISSEMENT DE GOURDON.

EAUX MINÉRALES DE MIERS,

REMISES PAR M. MATERRE.

		Eau très-basse dans le puits. (Commencement du jaugeage.)	Eau prise le puits étant déjà rempli.
Résidu fixe par litre		gr. 4.3200	gr. 4.3700
ON A DOSÉ PAR LITRE D'EAU :			
Acide carbonique	libre	gr. 0.0045	gr. 0.0088
	des bicarbonates	0.1876	0.1696
Acide chlorhydrique		0.0228	0.0203
Acide sulfurique		2.4168	2.4717
Silice		0.0270	0.0250
Oxyde de fer		0.0110	0.0090
Chaux		0.6150	0.6050
Magnésie		0.4393	0.4466
Potasse		0.0086	0.0105
Soude		0.6600	0.6770
Matières organiques		0.0017	0.0014
Total		4.3943	4.4449

Date de l'analyse : 29 décembre 1872.

DÉPARTEMENT DE LOT-ET-GARONNE.

ARRONDISSEMENT DE NÉRAC.

EAU MINÉRALE DE CASTELJALOUX,

REMISE PAR M. DUPEYRON.

	Source de la Plate-forme.
Résidu fixe par litre	gr. 0.4500
ON A DOSÉ PAR LITRE D'EAU :	
Acide carbonique libre	gr. 0.0425
Acide carbonique des bicarbonates	0.2982
Acide chlorhydrique	0.0321
Acide sulfurique	0.0172
Silice	0.0108
Oxyde de fer	0.0074
Chaux	0.1840
Magnésie	0.0124
Potasse	0.0057
Soude	0.0291
Matières organiques	0.0122
Total	0.6516

Date de l'analyse : 31 mai 1877.

DÉPARTEMENT DE LA LOZÈRE.

—— —

ARRONDISSEMENT DE MARVEJOLS.

EAU MINÉRALE DE LA CHALDETTE,

(Commune de Brion).

REMISE PAR M. ROUSSEL.

	La Chaldette.
Résidu fixe par litre	gr. 0.586
ON A DOSÉ PAR LITRE D'EAU :	
Acide carbonique	gr. 0.290
Acide chlorhydrique	0.010
Acide sulfurique	0.010
Silice	0.050
Oxyde de fer	traces
Chaux	0.020
Magnésie	traces
Potasse	0.010
Soude	0.250
Matières organiques	»
Total	0.640

Date de l'analyse : 5 avril 1861.

DÉPARTEMENT DU MAINE-ET-LOIRE.

ARRONDISSEMENT DE SAUMUR.

EAU MINÉRALE CHLORURÉE DE JOUANNETTE

(Commune de Martigné-Briand),

ADRESSÉE PAR M. PRIOU-CAILLEAU.

	Source principale.
Résidu fixe par litre	gr. 0.4700
ON A DOSÉ PAR LITRE D'EAU :	
Acide carbonique { libre	gr. 0.0824
Acide carbonique { des bicarbonates. . . .	0.1196
Acide chlorhydrique	0.1168
Acide sulfurique	0.0618
Silice.	0.0170
Oxyde de fer	0.0075
Chaux	0.0875
Magnésie	0.0201
Potasse.	traces
Soude	0.1091
Matières organiques	0.0260
Total.	0.6478

Date de l'analyse : 10 janvier 1875.

DÉPARTEMENT DE LA NIÈVRE.

ARRONDISSEMENT DE NEVERS.

EAUX MINÉRALES DE POUGUES,

REMISES PAR M. GUIMARD ET LE Dr LOGERAIS.

		Nouveau captage.	Source Bert, n° 1.	Source Bert, n° 2.	Source St-Léger.
Résidu fixe par litre	gr. 2.5190	gr. 1.7190	gr. 1.400	gr. 0.7049	gr. 2.3400
ON A DOSÉ PAR LITRE D'EAU :					
Acide carbonique — libre	gr. 0.6091	gr. 1.3540	gr. 1.7490 (libre et des bicarbonates)	gr. 0.4840 (libre et des bicarbonates)	gr. 1.3190
Acide carbonique — des bicarbonates	2.0131	1.5890			1.6692
Acide carbonique — des carbonates neutres	»	»	0.5970	0.2270	»
Acide chlorhydrique	0.1275	0.0500	0.0541	0.0156	0.1271
Acide sulfurique	0.1450	0.0910	0.0687	0.0619	0.1098
Silice	0.0150	0.0160	traces	traces	0.0250
Oxyde de fer	0.0146	0.0110	0.0148	0.0186	0.0120
Chaux	0.7000	0.4060	0.4170	0.2870	0.6400
Magnésie	0.1150	0.2060	traces	0.0186	0.1172
Potasse	0.0450	0.0260	0.0330	0.0130	traces
Soude	0.6290	0.2670	0.2836	0.0870	0.4776
Matières organiques	0.0710	traces	»	»	0.0320
Lithine	traces	traces	traces	traces	traces
Total	4.4843	4.0160	3.2172	1.2127	4.5289

Date de l'analyse : (1) 10 janvier 1867. — (2) 1er juillet 1867. — (3, 4) 25 février 1872. — (5) 5 janvier 1874.

DÉPARTEMENT DE L'ORNE.

ARRONDISSEMENT DE DOMFRONT.

EAUX MINÉRALES DE BAGNOLLES,

REMISES PAR M. BORELLI DE SERRES ET M. DENOS.

	Source ferrugineuse à 21°.	Source ferrugineuse à 30°.	Source nouvelle à 41°.	Source ancienne à 41°.	Source ferrugineuse.
Résidu fixe par litre.	»	»	»	»	gr. 0.100
ON A DOSÉ PAR LITRE D'EAU :					
Acide carbonique	gr. 0.113	gr. 0.300	gr. 0.338	gr. 0.323	gr. 0.2830
Acide chlorhydrique.	0.010	0.025	0.025	0.035	0.0123
Acide sulfurique	0.047	0.122	0.129	0.136	0.0146
Silice	0.028	0.067	0.070	0.077	0.0300
Oxyde de fer	0.001	traces	traces	0.001	0.0400
Chaux	0.015	0.021	0.020	0.022	0.0200
Magnésie.	0.005	0.010	0.010	0.023	0.0100
Potasse	»	»	»	»	»
Soude	0.066	0.257	0.281	0.295	0.0600
Matières organiques.	traces	traces	traces	traces	traces
Total.	0.285	0.802	0.873	0.912	0.4699

Date de l'analyse : (1 à 4) 16 septembre 1854. — (5) 9 septembre 1857.

DÉPARTEMENT DU PUY-DE-DOME.

ARRONDISSEMENT DE CLERMONT-FERRAND.

EAUX MINÉRALES DE LA BOURBOULE,

REMISES PAR M. LE Dr CHOUSSY (1 A 3) ET PAR M. LEDRU (4 A 8).

	Source Choussy	Puits du déversoir	G[de] source Choussy	Source Fenestre. Puits de 34 mètres	Source Fenestre. Puits de 68 mètres	Source de la commune ou Perrière	Source de la Plage	Source Seidaiges
Résidu fixe par litre	gr. 5.1250	gr. 5.1400	gr. 4.5300	gr. 1.2400	gr. 2.7400	gr. 5.0800	gr. 5.4500	gr. 3.4800
ON A DOSÉ PAR LITRE D'EAU :								
Acide carbonique libre	gr. 0.1622	gr. 0.3513	gr. 0.4931	gr. 0.3361	gr. 0.8486	gr. 0.4034	gr. 0.5166	gr. 0.6494
Acide carbonique des bicarbonates	1.4574	1.3242	1.2270	0.3988	0.7445	1.2944	1.3376	0.9702
Acide chlorhydrique	1.9115	2.0447	1.7602	0.4219	1.0574	2.0320	2.2225	1.3258
Acide sulfurique	0.1167	0.1098	0.0995	0.0274	0.0463	0.1167	0.1098	0.0721
Silice	0.0500	0.0420	0.0310	0.0250	0.0400	0.0340	0.0360	0.0280
Oxyde de fer	0.0080	0.0053	0.0040	0.0030	0.0050	0.0043	0.0040	0.0048
Chaux	0.0550	0.0490	0.0350	0.0450	0.0350	0.0720	0.0380	0.0340
Magnésie	0.0073	0.0092	0.0083	0.0164	0.0147	0.0146	0.0154	0.0128
Potasse	0.0769	0.0731	0.0519	0.0336	0.0461	0.0769	0.1230	0.0577
Soude	2.6534	2.6395	2.3580	0.5696	1.3864	2.5696	2.7648	1.7860
Matières organiques	traces	traces	traces	0.0200	0.0250	0.0140	0.0160	0.0170
Acide arsénique	0.0122	0.0115	0.0107	0.0054	0.0061	0.0030	0.0064	0.0054
Lithine	traces	t. tr.-n.	tr. not.	traces	traces	tr. not.	tr. sens.	tr. sens.
Total	6.5106	6.6596	6.0787	1.9022	4.2551	6.6349	7.1895	4.9632

Date de l'analyse : (1) 31 janvier 1870. — (2,3) 31 juillet 1876. — (4,5) 1er mai 1873. — (6) 30 novembre 1874. — (7,8) 19 mars 1875.

ARRONDISSEMENT DE CLERMONT-FERRAND.

EAU MINÉRALE DE CHAMALIÈRES,

REMISE PAR M. DUMAS.

	Source Dumas.
Résidu fixe par litre	gr. 1.2850
ON A DOSÉ PAR LITRE D'EAU :	
Acide carbonique libre	gr. 0.6196
Acide carbonique des bicarbonates	0.7594
Acide chlorhydrique	0.0305
Acide sulfurique	0.1235
Silice	0.0072
Oxyde de fer	0.0050
Chaux	0.4120
Magnésie	0.0952
Potasse	0.0115
Soude	0.0408
Matières organiques	0.0050
Total	2.1097

Date de l'analyse : 28 février 1873.

ARRONDISSEMENT DE CLERMONT-FERRAND.

EAU MINÉRALE FERRUGINEUSE DE SAINT-GEORGES

(près Billom),

REMISE PAR M. GRENOUILLE.

	Source du Prêtre.	Source St-Georges.
Résidu fixe par litre	»	»
ON A DOSÉ PAR LITRE D'EAU :		
Acide carbonique	gr. 1.1205	gr. 1.3404
Acide chlorhydrique	traces	traces
Acide sulfurique	traces	tr. sens.
Silice	traces	traces
Oxyde de fer	0.1305	0.0800
Chaux	0.5280	0.7336
Magnésie	traces	0.0507
Potasse	traces	0.1090
Soude	»	»
Matières organiques	traces	traces
Total	1.7790	2.3137

Date de l'analyse : (1) 2 octobre 1851. — (2) 20 novembre 1854.

ARRONDISSEMENT DE CLERMONT-FERRAND.

EAU MINÉRALE DE ROYAT,

REMISE PAR LE DOCTEUR NIVET.

	Royat.
Résidu fixe par litre	gr. 3.8000
ON A DOSÉ PAR LITRE D'EAU :	
Acide carbonique.	gr. 2.4590
Acide chlorhydrique	1.0980
Acide sulfurique	0.1176
Silice.	0.0845
Oxyde de fer.	0.0328
Chaux.	0.3936
Magnésie	0.2460
Potasse.	0.0283
Soude.	1.3657
Iode	traces
Acide phosphorique.	traces
Matières organiques	traces
Total.	5.8255

Date de l'analyse : 6 septembre 1856.

ARRONDISSEMENT DE CLERMONT-FERRAND.

EAU MINÉRALE DU MONT-DORE,

NOUVELLE SOURCE DE L'HOTEL BERTRAND,

REMISE PAR MM. BATTIER ET COHADON.

	Source Bertrand.
Résidu fixe par litre	gr. 1.2830
ON A DOSÉ PAR LITRE D'EAU :	
Acide carbonique libre	gr. 0.7372
Acide carbonique des bicarbonates	0.6478
Acide chlorhydrique	0.2235
Acide sulfurique	0.0308
Silice	0.0860
Oxyde de fer	0.0070
Chaux	0.1064
Magnésie	0.0329
Potasse	0.0384
Soude	0.5037
Lithine	0.0080
Arsenic	traces très-faibles
Matières organiques	
Total	2.4217

Date de l'analyse : 30 septembre 1877.

ARRONDISSEMENT D'ISSOIRE.

EAUX MINÉRALES ET DÉPOTS FERRUGINEUX ARSENICAUX DE SAINT-NECTAIRE-LE-BAS.

	Source Saint-Césaire.	Source Mandon (Gros-Bouillon).	Grande source Rozette.	Source de la Coquille (Bains Romains).	Source des Dames.
Résidu fixe par litre	gr. 6.0260	gr. 5.2800	gr. 5.9400	gr. 5.5300	gr. 5.3700
ON A DOSÉ PAR LITRE D'EAU :					
Acide carbonique { libre	gr. 0.3280	gr. 0.5076	gr. 0.2061	gr. 0.5106	gr. 0.7430
Acide carbonique { des bicarbonates	2.5762	2.2402	2.4814	2.3256	2.1388
Acide chlorhydrique	1.7399	1.5240	1.7526	1.6012	1.6129
Acide sulfurique	0.0892	0.0819	0.0858	0.0879	0.0806
Silice	0.0235	0.0196	0.0215	0.0305	0.0550
Oxyde de fer	0.0058	0.0062	0.0074	0.0053	0.0085
Chaux	0.1230	0.1120	0.1288	0.1904	0.1760
Magnésie	0.1318	0.1244	0.1391	0.1208	0.0805
Potasse	0.1673	0.1344	0.1461	0.1512	0.1731
Soude	2.8798	2.5324	2.8533	2.5787	2.5132
Lithine	traces	traces	traces	traces	traces
Iode	traces très-faibles dans tous ces échantillons				
Acide arsénique	0.0008	0.0012	0.0015	0.0004	0.0041
Matières organiques	0.0090	0.0095	0.0073	0.0086	0.0052
Total	8.0743	7.2934	7.8309	7.6112	7.5909

DÉPOTS FERRUGINEUX.

ON A DOSÉ SUR 100 PARTIES APRÈS DESSICCATION A 100° :					
Peroxyde de fer	32.00	53.00	39.00	44.00	»
Acide phosphorique	0.45	0.38	0.70	0.54	»
Acide arsénique	4.07	4.10	4.02	4.15	0.0027

Date de l'analyse : (1 à 4) 17 juillet 1877. — (5) 22 octobre 1877.

ARRONDISSEMENT D'ISSOIRE.

EAUX MINÉRALES DU MONT CORNADORE, A SAINT-NECTAIRE-LE-HAUT,

ADRESSÉES PAR M. VERSEPUY-MANDON (1 A 3) ET M. MORANGE (4).

	Source du Rocher.	Source des Bains.	Source du Parc.	Source d'Or.
Résidu fixe par litre	gr. 5.0650	gr. 4.6900	gr. 5.4730	gr. 5.9220
ON A DOSÉ PAR LITRE D'EAU :				
Acide carbonique libre	gr. 0.3077	gr. 0.6016	gr. 0.8958	gr. 1.2552
Acide carbonique des bicarbonates	2.0850	1.9340	2.1622	2.4188
Acide chlorhydrique	1.5240	1.3462	1.6129	1.7145
Acide sulfurique	0.0789	0.0721	0.0926	0.0961
Silice	0.0184	0.0523	0.0895	0.0874
Oxyde de fer	0.0076	0.0078	0.0078	0.0072
Chaux	0.2290	0.2408	0.2014	0.2342
Magnésie	0.1245	0.0732	0.1135	0.1574
Potasse	0.1057	0.1615	0.1885	0.2032
Soude	2.3011	2.0961	2.4780	2.6316
Lithine	tr. notables	traces	tr. notab.	tr. notab.
Acide arsénique	0.0020	0.0034	0.0032	0.0009
Iode	tr. faibles	»	»	»
Matières organiques	0.0092	0.0067	0.0064	0.0058
Total	6.7931	6.5957	7.8518	8.8123

Date de l'analyse : (1) 17 juin 1876. — (2) 30 septembre 1877. — (3, 4) 28 février 1878.

ARRONDISSEMENT DE RIOM.

EAUX MINÉRALES DE PONTGIBAUD,

REMISES PAR M. LE COMTE DE PONTGIBAUD.

	Source Anchat.	Source Châteauford.
Résidu fixe par litre	gr. 1.0500	gr. 1.0190
ON A DOSÉ PAR LITRE D'EAU :		
Acide carbonique libre	gr. 1.0188	gr. 1.7963
Acide carbonique des bicarbonates	0.7058	0.8398
Acide chlorhydrique	0.0457	0.0660
Acide sulfurique	0.0549	0.0412
Silice	0.0320	0.0280
Oxyde de fer	0.0150	0.0220
Chaux	0.0850	0.1920
Magnésie	0.0622	0.1098
Potasse	0.0212	0.0163
Soude	0.3642	0.2795
Matières organiques	0.0120	0.0090
Total	2.4168	3.3999

Date de l'analyse : 29 décembre 1872.

DÉPARTEMENT DES BASSES-PYRÉNÉES.

ARRONDISSEMENT D'OLORON.

EAU MINÉRALE D'OGEU-LES-BAINS,

REMISE PAR Mme FUSTER.

	Ogeu-les-Bains.
Résidu fixe par litre	gr. 0.2860
ON A DOSÉ PAR LITRE D'EAU :	
Acide carbonique	gr. 0.1512
Acide chlorhydrique	0.0457
Acide sulfurique	0.0096
Silice	0.0123
Oxyde de fer	0.0033
Chaux	0.0825
Magnésie	0.0132
Potasse	traces
Soude	0.0478
Matières organiques	0.0073
Total	0.3729

Date de l'analyse : 31 mai 1877.

DÉPARTEMENT DES HAUTES-PYRÉNÉES.

ARRONDISSEMENT D'ARGELÈS.

EAU MINÉRALE SULFUREUSE DE GAZOST

(Canton de Lourdes),

REMISE PAR M. BURGADE.

	Source Nabias.
Résidu fixe par litre	»
ON A DOSÉ PAR LITRE D'EAU :	
Acide carbonique	»
Acide chlorhydrique	gr. 0.207
Acide sulfurique	0.003
Silice.	0.040
Oxyde de fer.	»
Chaux	0.020
Magnésie	0.023
Potasse.	0.006
Soude	0.139
Soufre	0.015
Iode	traces
Acide phosphorique	0.038
Matières organiques	traces
Total.	0.491

Date de l'analyse : 21 août 1852.

ARRONDISSEMENT DE BAGNÈRES-DE-BIGORRE.

EAU SULFUREUSE CHAUDE DE LA COMMUNE DE LOUDENVIELLE,

ADRESSÉE PAR LE MAIRE DE LOUDENVIELLE.

	Commune de Loudenvielle.
Résidu fixe par litre	gr. 0.2130
ON A DOSÉ PAR LITRE D'EAU :	
Acide carbonique	gr. 0.0158
Acide chlorhydrique	0.0279
Acide sulfurique	0.0326
Silice	0.0224
Oxyde de fer	0.0012
Chaux	0.0185
Magnésie	0.0012
Potasse	traces
Soude	0.0769
Acide sulfhydrique	0.0094
Matières organiques	0.0175
Total	0.2234

Date de l'analyse : 30 mai 1877.

DÉPARTEMENT DES PYRÉNÉES-ORIENTALES.

ARRONDISSEMENT D'ORTHEZ.

EAUX SALÉES DE SALLES,

REMISES PAR M. LE PLAY.

	Moulin Intranier.	Eau de Fondame.
Résidu fixe par litre	»	»
ON A DOSÉ PAR LITRE D'EAU :		
Acide carbonique	gr. 0.090	gr. 0.060
Acide chlorhydrique	1.790	0.330
Acide sulfurique	0.240	0.124
Silice	»	»
Oxyde de fer	0.010	0.010
Chaux	0.200	0.160
Magnésie	»	»
Potasse	»	»
Soude	1.480	0.285
Matières organiques	»	»
Acide phosphorique	»	0.040
Total	3.810	1.009

Date de l'analyse : 5 octobre 1849.

DÉPARTEMENT DE SAONE-ET-LOIRE.

ARRONDISSEMENT DE CHAROLLES.

EAUX MINÉRALES DE BOURBON-LANCY.

	Source Marguerite.	Source Limbe.	Source Reine.
Résidu fixe par litre	gr. 1.7500	gr. 1.6500	gr. 1.6200
ON A DOSÉ PAR LITRE D'EAU :			
Acide carbonique.	»	gr. 0.1070	»
Acide chlorhydrique	gr. 0.8236	0.8130	gr. 0.8144
Acide sulfurique.	»	0.0600	»
Silice.	»	0.0660	»
Oxyde de fer.	»	0.0070	»
Chaux.	»	0.1020	»
Magnésie	»	0.0290	»
Potasse	»	traces	»
Soude.	»	0.6800	»
Matières organiques	»	traces	»
Total.	»	1.8640	»

Date de l'analyse : 11 septembre 1855.

ARRONDISSEMENT DE CHAROLLES.

EAU FERRUGINEUSE DE SAINT-CHRISTOPHE EN BRIONNAIS,

REMISE PAR Mme LA COMTESSE DE BUSSEUIL.

	St-Christophe en Brionnais.
Résidu fixe par litre	»
ON A DOSÉ PAR LITRE D'EAU :	
Acide carbonique	gr. 0.073
Acide chlorhydrique	0.020
Acide sulfurique	traces
Silice et argile	0.045
Oxyde de fer	0.050[1]
Chaux	0.078
Magnésie	0.007
Potasse	»
Soude	»
Matières organiques	0.010
Total	0.283

[1] Dont 0.040 à l'état de dépôt dans la bouteille.

Date de l'analyse: 20 avril 1850.

DÉPARTEMENT DE LA SAVOIE.

ARRONDISSEMENT DE CHAMBÉRY.

EAU SULFUREUSE IODURÉE DE CHALLES,

REMISE PAR M. LE Dr AVRIAT.

	Source de Challes.
Résidu fixe par litre	gr. 0.8055
ON A DOSÉ PAR LITRE D'EAU :	
Acide carbonique	gr. 0.4058
Acide chlorhydrique	0.0550
Acide sulfurique	0.0310
Silice	0.0150
Oxyde de fer	0.0150
Chaux	0.0770
Magnésie	0.0205
Potasse	traces
Soude	0.3340
Matières organiques	traces
Acide sulfhydrique (soufre 0.1300)	0.1450
Acide iodhydrique	0.0056
Total	1.1039

Date de l'analyse : 12 décembre 1871.

ARRONDISSEMENT DE MOUTIERS.

EAUX MINÉRALES DE BRIDES,

REMISES PAR M. LE Dr PHILBERT.

	Piscine des Hommes.	Piscine des Dames.
Résidu fixe par litre	gr. 5.7200	gr. 5.7800
ON A DOSÉ PAR LITRE D'EAU :		
Acide carbonique libre	gr. 0.0837	» »
Acide carbonique des bicarbonates	0.2670	» »
Acide chlorhydrique	1.1176	» »
Acide sulfurique	2.1078	» »
Silice	0.0250	» »
Oxyde de fer	0.0056	» »
Chaux	0.9220	» »
Magnésie	0.1940	» »
Potasse	0.0423	» »
Soude	1.4241	» »
Lithine	tr. notables	» »
Matières organiques	0.0145	» »
Total	6.2036	» »

DÉPOTS FERRUGINEUX.	Source pour boisson.	Source de la Piscine des Hommes.
ON A DOSÉ POUR 100 PARTIES (après dessiccation à 100°) :		
Peroxyde de fer	76.00	39.00
Acide arsénique	1.61	1.45
Acide phosphorique	traces	traces
Total	77.61	40.45

Date de l'analyse : 30 septembre 1875.

DÉPARTEMENT DE LA HAUTE-SAVOIE.

ARRONDISSEMENT DE THONON.

EAU DE LA STATION D'AMPHION, PRÈS LE LAC LÉMAN,

REMISE PAR M. CHÉRONNET.

	Ancienne Source.	Nouvelle petite Source.	Source près l'Hôtel.	Source du Bâtiment neuf.
Résidu fixe par litre	gr. 0.245	gr. 0.225	gr. 0.334	gr. 0.268
ON A DOSÉ PAR LITRE D'EAU :				
Acide carbonique	gr. 0.223	gr. 0.275	gr. 0.277	gr. 0.219
Silice	traces	traces	traces	traces
Acide sulfurique	traces	0.010	traces	0.006
Acide chlorhydrique	0.021	0.021	0.007	0.007
Oxyde de fer	traces	0.008	traces	traces
Chaux	0.102	0.113	0.167	0.127
Magnésie	traces	0.002	0.006	0.008
Potasse	traces	traces	traces	traces
Soude	0.008	0.028	0.017	0.015
Total	0.354	0.457	0.474	0.373

Date de l'analyse : 30 juin 1864.

DÉPARTEMENT DE SEINE-ET-MARNE.

ARRONDISSEMENT DE PROVINS.

EAUX FERRUGINEUSES DE PROVINS.

	Eau de la Fontaine.	Eau du Puisard.
Résidu fixe par litre	gr. 0.940	gr. 0.680
ON A DOSÉ PAR LITRE D'EAU :		
Acide carbonique	gr. 0.564	»
Acide chlorhydrique	0.020	»
Acide sulfurique	0.014	»
Silice	0.016	»
Oxyde de fer	0.053	gr. 0.030
Chaux	0.286	»
Magnésie	0.060	»
Potasse	0.053	»
Soude	0.120	»
Matières organiques	tr. sens.	»
Total	1.186	»

Date de l'analyse : 14 juillet 1863.

DÉPARTEMENT DE LA SEINE-INFÉRIEURE.

ARRONDISSEMENT DE NEUFCHATEL.

EAUX MINÉRALES ET DÉPOTS DE FORGES-LES-BAINS,

REMIS PAR M. LEVALLOIS, INSPECTEUR GÉNÉRAL DES MINES, AU NOM DE M. BIGNAULT.

	N° 1.	N° 2.
Résidu fixe par litre	gr. 0.216	gr. 0.316
ON A DOSÉ PAR LITRE D'EAU :		
Acide carbonique	gr. 0.188	gr. 0.178
Acide chlorhydrique	0.020	0.040
Acide sulfurique	0.054	0.102
Silice	0.011	0.050
Oxyde de fer	0.031	0.015
Chaux	0.064	0.042
Magnésie	traces	traces
Potasse	0.009	0.017
Soude	0.027	0.050
Matières organiques	»	»
Total	0.404	0.496

DÉPOTS FERRUGINEUX.	Dépôt de la source.	Boue du lac.
ON A DOSÉ SUR 100 PARTIES (après dessiccation à 100°) :		
Acide sulfurique	traces	traces
Argile	30.00	75.30
Peroxyde de fer	18.30	4.00
Chaux	0.70	0.30
Magnésie	traces	traces
Alcalis	0.40	1.20
Eau et matières organiques	50.50	18.70
Total	99.90	99.50

Date de l'analyse : 28 décembre 1855.

DÉPARTEMENT DU TARN-ET-GARONNE.

ARRONDISSEMENT DE MONTAUBAN.

EAUX MINÉRALES DE FÉNAYROLS,

ADRESSÉES PAR LE PRÉFET DU DÉPARTEMENT.

	Source de l'Église.	Source de la Bombouzolle.
Résidu fixe par litre	gr. 1.733	gr. 1.826
ON A DOSÉ PAR LITRE D'EAU :		
Acide carbonique	gr. 0.254	gr. 0.230
Acide chlorhydrique	0.017	0.014
Acide sulfurique	0.798	0.864
Silice	0.025	0.020
Oxyde de fer	traces	traces
Chaux	0.546	0.570
Magnésie	0.030	0.027
Potasse	0.203	0.236
Soude	»	»
Matières organiques	»	»
Total	1.873	1.961

Date de l'analyse : 28 décembre 1867.

DÉPARTEMENT DE VAUCLUSE.

ARRONDISSEMENT D'ORANGE.

EAU MINÉRALE ET DEPOT FERRUGINEUX DE MONTMIRAIL-VACQUEYRAS,

REMIS PAR M. DESPLANS.

	Source de Montmirail-Vacqueyras.
Résidu fixe par litre	gr. 1.9050
ON A DOSÉ PAR LITRE D'EAU :	
Acide carbonique	gr. 0.2816
Acide chlorhydrique	0.0558
Acide sulfurique	0.8695
Silice	0.0230
Oxyde de fer	0.0078
Chaux	0.5430
Magnésie	0.0988
Potasse	0.0052
Soude	0.1698
Acide arsénique	0.0050
Matières organiques	absence
Total	2.0595

DÉPOT FERRUGINEUX.

ON A DOSÉ SUR 100 PARTIES (après dessiccation à 100°) :	
Peroxyde de fer	39.30
Acide phosphorique	traces
Acide arsénique	absence

Date de l'analyse : 10 décembre 1877.

DÉPARTEMENT DE LA VENDÉE.

ARRONDISSEMENT DE FONTENAY-LE-COMTE.

EAU FERRUGINEUSE DE FAYMOREAU,

REMISE PAR M. DEVILLAINE, INGÉNIEUR.

	Source de Faymoreau.
Résidu fixe par litre	gr. 0.340
ON A DOSÉ PAR LITRE D'EAU :	
Acide carbonique	gr. 0.120
Acide chlorhydrique	0.040
Acide sulfurique	0.128
Silice	0.016
Oxyde de fer	0.060
Chaux	0.071
Magnésie	0.013
Potasse Soude	0.073
Matières organiques	traces
Total	0.521

Date de l'analyse : 17 février 1869.

ARRONDISSEMENT DES SABLES-D'OLONNE.

EAU CHLORURÉE DE MOUTIERS-LES-MAUFAITS,

ADRESSÉE PAR M. DSCOTTES.

	Moutiers-les-Maufaits.
Résidu fixe par litre	gr. 7.060
ON A DOSÉ PAR LITRE D'EAU	
Acide carbonique	traces sensibles
Acide chlorhydrique	gr. 4.067
Acide sulfurique	0.137
Silice	»
Oxyde de fer	»
Chaux	1.320
Magnésie	0.146
Potasse	»
Soude	non dosé (par défaut d'eau)
Matières organiques	traces
Total	»

Date de l'analyse : 30 juillet 1873.

DÉPARTEMENT DES VOSGES.

ARRONDISSEMENT D'ÉPINAL.

EAUX MINÉRALES DE BAINS,

REMISES PAR M. LEBLEU, INGÉNIEUR DES MINES.

	Source Savonneuse.	Source Tiède.	Grosse source.	Source de la Vache.	Source Grangury.
Résidu fixe par litre	gr. 0.372	gr. 0.300	gr. 0.370	gr. 0.365	gr. 0.362
ON A DOSÉ PAR LITRE D'EAU :					
Acide carbonique	gr. 0.080	gr. 0.090	gr. 0.080	gr. 0.140	gr. 0.100
Acide chlorhydrique	0.030	0.010	0.030	0.010	0.060
Acide sulfurique	0.080	0.070	0.080	0.060	0.010
Silice	0.070	0.040	0.070	0.070	0.010
Oxyde de fer	0.010	0.010	traces	0.030	0.020
Chaux	0.040	0.040	0.040	0.050	0.040
Magnésie	traces	traces	traces	traces	traces
Potasse	0.020	0.010	0.030	0.010	0.060
Soude	0.100	0.060	0.140	0.070	0.100
Total	0.430	0.330	0.470	0.440	0.400

Date de l'analyse : 5 juillet 1861.

EAU SULFUREUSE DES ENVIRONS D'ÉPINAL,

ADRESSÉE PAR M. DE BILLY, INGÉNIEUR EN CHEF DES MINES.

	Source d'Épinal.
Résidu fixe par litre	»
ON A DOSÉ PAR LITRE D'EAU:	
Acide carbonique.	gr. 0.561
Acide chlorhydrique.	0.340
Acide sulfurique.	0.056
Silice.	traces
Oxyde de fer.	0.010
Chaux.	0.045
Magnésie	0.040
Potasse.	0.032
Soude.	1.057
Acide sulfhydrique	0.032
Matières organiques	traces
Total.	2.173

Date de l'analyse : 27 février 1852.

ARRONDISSEMENT DE NEUFCHATEAU.

EAU MINERALE DE MARTIGNY-LES-LA-MARCHE,

REMISE PAR M. LE Dr MAXIMIEN LEGRAND.

	Martigny-lès-la-Marche.
Résidu fixe par litre	gr. 1.115
ON A DOSÉ PAR LITRE D'EAU :	
Acide carbonique	gr. 0.257
Acide chlorhydrique	0.010
Acide sulfurique	0.378
Silice	0.010
Oxyde de fer	0.010
Chaux	0.367
Magnésie	0.060
Potasse	traces
Soude	0.064
Matières organiques	»
Total	1.156

Date de l'analyse : 29 août 1866.

ARRONDISSEMENT DE NEUFCHATEAU.

EAU MINERALE DE NORROY-SUR-VAIR,

REMISE PAR LE MAIRE DE NORROY.

		Source du Rond-Buisson.
Résidu fixe par litre		gr. 2.3600
ON A DOSÉ PAR LITRE D'EAU :		gr.
Acide carbonique	libre	0.0496
	des bicarbonates	0.2542
Acide chlorhydrique		0.0071
Acide sulfurique		1.2118
Silice		0.0240
Oxyde de fer		0.0043
Chaux		0.8512
Magnésie		0.1134
Potasse		traces
Soude		0.0162
Matières organiques		0.0073
Total		2.5391

Date de l'analyse : 30 septembre 1876.

ARRONDISSEMENT DE MIRECOURT, — COMMUNE DE MIRECOURT.

EAU MINÉRALE DE BÉGNÉCOURT

(près Dompaire),

REMISE PAR M. LEBLEU, INGÉNIEUR DES MINES.

	Source Heucheloup.
Résidu fixe par litre	gr. 2.490
ON A DOSÉ PAR LITRE D'EAU :	
Acide carbonique	gr. 0.281
Acide chlorhydrique	0.011
Acide sulfurique	1.264
Silice	0.010
Oxyde de fer	traces
Chaux	0.855
Magnésie	0.150
Potasse	0.040
Soude	0.167
Total	2.778

Date de l'analyse : 13 janvier 1862.

ARRONDISSEMENT DE MIRECOURT.

EAUX MINÉRALES DE CONTREXÉVILLE,

REMISES PAR M. JUTIER, INGÉNIEUR DES MINES.

	Puits Baud.	Source du Pavillon.	Puits Davignon.	Source du Vair.	Source du Pavillon.	Source des Bains.	Source du Quai.
Résidu fixe par litre	gr. 1.970	gr. 2.270	gr. 1.150	gr. 0.220	gr. 2.580	gr. 2.140	gr. 1.980
ON A DOSÉ PAR LITRE D'EAU :							
Acide carbonique	gr. 0.220	gr. 0.200	gr. 0.220	gr. 0.122	gr. 0.360	gr. 0.380	gr. 0.300
Acide chlorhydrique	0.110	0.120	0.110	traces	0.020	0.010	0.010
Acide sulfurique	0.900	1.110	0.450	traces	1.100	1.000	1.010
Silice	0.020	0.010	0.030	0.040	0.010	0.010	0.010
Oxyde de fer	0.020	0.020	0.010	0.010	traces	traces	traces
Chaux	0.600	0.710	0.300	0.080	0.990	0.740	0.760
Magnésie	0.010	0.010	0.020	0.030	0.040	0.050	0.050
Potasse	»	»	»	»	»	»	»
Soude	0.220	0.160	0.150	traces	0.320	0.310	0.080
Total	2.100	2.340	1.290	0.282	2.840	2.500	2.220

Date de l'analyse : (1 à 4) 19 mai 1859. — (5 à 7) 18 août 1859.

ARRONDISSEMENT DE MIRECOURT.

EAUX MINÉRALES DE VITTEL,

REMISES PAR M. BOULOUMIÉ.

	Source Marie (purgative).	Source des Demoiselles.	Grande source (diurétique).
Résidu fixe par litre	gr. 1.500	gr. 1.360	gr. 1.260
ON A DOSÉ PAR LITRE D'EAU :			
Acide carbonique	gr. 0.340	gr. 0.260	gr. 0.320
Acide chlorhydrique	0.160	0.130	0.110
Acide sulfurique	0.580	0.440	0.310
Silice	0.020	0.020	0.010
Oxyde de fer	traces	traces	traces
Chaux	0.460	0.460	0.490
Magnésie	0.080	0.050	0.080
Potasse	»	»	»
Soude	0.190	0.180	0.160
Total	1.830	1.540	1.480

DÉPOTS FERRUGINEUX.

ON A DOSÉ SUR 100 PARTIES (après dessiccation à 100°) :	
Silice	4.66
Oxyde de fer, alumine, oxyde de manganèse	55.33
Chaux	12.60
Magnésie	3.03
Acide carbonique, eau, matières organiques	24.00
Total	99.62

Date de l'analyse : 23 novembre 1858.

ARRONDISSEMENT DE REMIREMONT.

EAUX MINÉRALES DE PLOMBIÈRES,

REMISES PAR M. JUTIER, INGÉNIEUR DES MINES (1 A 4), ET PAR M. LE Dr HUTIN (5).

	Source des Dames	Source ferrugineuse	Galerie des Sources savonneuses		Source de Ste-Claire
Résidu fixe par litre	gr. 0.2514	gr. 0.5500	gr. 0.0766	gr. 0.1133	gr. 0.2240
ON A DOSÉ PAR LITRE D'EAU :					
Acide carbonique des bicarbonates	gr. 0.0566	gr. 0.1136	non dosé	non dosé	gr. 0.1170
Acide chlorhydrique	0.0079	0.0077	id.	id.	0.0350
Acide sulfurique	0.0498	0.0498	id.	id.	0.0130
Silice et argile	0.0610	0.1000	gr. 0.0166	gr. 0.0300	0.0340
Oxyde de fer et alumine	0.0075	0.1433	traces	traces	0.0500
Chaux	0.0150	0.1166	0.0200	0.0233	0.0100
Magnésie	0.0075	0.0200	0.0200	0.0200	0.0030
Potasse	0.0045	0.0173	0.0039	0.0102	0.0200
Soude	0.0820	0.0326	0.0054	0.0093	0.0500
Arsenic	»	0.0010	»	»	»
Total	0.2918	0.6019	»	»	0.3320

Date de l'analyse : (1 à 4) 8 juin 1859. — (5) 6 septembre 1856.

EAUX POTABLES

DÉPARTEMENT DE L'AISNE.

ARRONDISSEMENT DE CHATEAU-THIERRY.

EAU POTABLE DESTINÉE A L'ALIMENTATION DE LA FERTÉ-MILON,

ADRESSÉE PAR LE MAIRE DE LA FERTÉ-MILON,

COMME PROVENANT D'UN PUITS ARTÉSIEN CREUSÉ DANS LA VILLE.

	Puits artésien de la Ferté-Milon.
Résidu fixe par litre	gr. 0.327
ON A DOSÉ PAR LITRE D'EAU	
Acide carbonique	gr. 0.140
Acide chlorhydrique	0.040
Acide sulfurique	0.020
Silice	0.020
Oxyde de fer	traces
Chaux	0.160
Magnésie	traces
Potasse	traces
Soude	0.040
Total	0.420

Date de l'analyse : 28 mars 1861.

ARRONDISSEMENT DE CHATEAU-THIERRY.

EAU POTABLE DE CERFROID

(Commune de Brumetz),

REMISE PAR LE P. CALIXTE,

Supérieur de la colonie agricole de Cerfroid.

	Eau de Cerfroid.
Résidu fixe par litre	gr. 0.4200
ON A DOSÉ PAR LITRE D'EAU :	
Acide carbonique	gr. 0.2804
Acide chlorhydrique	0.0355
Acide sulfurique	0.0206
Silice	0.0125
Oxyde de fer	0.0062
Chaux	0.1520
Magnésie	0.0293
Potasse	traces
Soude	0.0302
Matières organiques	0.0092
Total	0.5759

Date de l'analyse : 30 novembre 1873.

ARRONDISSEMENT DE LAON.

EAU DU PUITS ARTÉSIEN DE VILLEQUIER-AUMONT

(près Chauny),

REMISE PAR M. GAVET.

	Puits artésien de Villequier.
Résidu fixe par litre	gr. 0.41250
ON A DOSÉ PAR LITRE D'EAU :	
Acide carbonique	gr. 0.35919
Acide chlorhydrique	0.01500
Acide sulfurique	0.03090
Silice	0.02001
Oxyde de fer	0.02200
Chaux	0.17750
Magnésie	0.00500
Potasse	0.03378
Soude	0.02275
Matières organiques	»
Total	0.68613

Date de l'analyse : 23 avril 1870.

ARRONDISSEMENT DE SAINT-QUENTIN.

EAUX POTABLES DE LA VILLE DE SAINT-QUENTIN,

ADRESSÉES PAR M. LEBON, ARCHITECTE DE LA VILLE.

	Source du Gros-Nardet.	Puits artésien se mêlant à cette source.
Résidu fixe par litre	gr. 0.3725	gr. 0.2675
ON A DOSÉ PAR LITRE D'EAU :		
Acide carbonique	gr. 0.2632	gr. 0.2275
Acide chlorhydrique	0.0334	0.0173
Acide sulfurique	0.0206	0.0034
Silice	0.0100	0.0075
Oxyde de fer	traces	traces
Chaux	0.1625	0.1350
Magnésie	0.0050	0.0030
Potasse	0.0053	0.0030
Soude	0.0326	0.0210
Matières organiques	0.0350	0.0150
Total	0.5676	0.4327

Date de l'analyse : 30 novembre 1869.

DÉPARTEMENT DE L'ALLIER.

ARRONDISSEMENT DE MONTLUÇON.

EAUX EMPLOYÉES DANS UNE BRASSERIE A MONTLUÇON,

REMISES PAR MM. KISSEL ET MOUSSY.

	Puits dans la brasserie vallée du Cher.	Puits à 50 m. au-dessus du précédent.	Eau du ruisseau du Peu-de-Sceau, commune de Primillat.	Puits en aval du pont du Cher.	Puits en amont du pont.
Résidu fixe par litre	gr. 0.400	gr. 0.360	gr. 0.040	gr. 0.815	gr. 0.160
ON A DOSÉ PAR LITRE D'EAU :					
Acide carbonique	gr. 0.090	gr. 0.090	gr. traces	gr. 0.212	gr. traces
Acide chlorhydrique	0.060	0.040	traces	0.039	0.016
Acide sulfurique	0.010	0.080	traces	0.214	0.072
Acide azotique	»	0.020	0.020	0.020	0.053
Silice et argile	0.020	»	0.010	traces	0.021
Oxyde de fer et alumine	0.010	0.010	»	0.192	0.052
Chaux	0.150	0.160	traces	0.053	traces
Magnésie	»	»	»	0.009	»
Potasse	traces	traces	traces	0.065	0.013
Soude				0.023	0.000
Matières organiques	»	»	»	»	0.023
Total	0.440	0.400	0.030	0.827	0.250

Date de l'analyse : (1, 2) 17 décembre 1860. — (3 à 5) 20 août 1866.

DÉPARTEMENT DU CHER.

ARRONDISSEMENT DE BOURGES.

EAUX POTABLES DESTINÉES A L'ALIMENTATION DE LA VILLE DE BOURGES,

REMISES PAR M. PUGNET, INGÉNIEUR DES PONTS ET CHAUSSÉES.

	Source de Nérigny.	Eau de la Cassaterie.
Résidu fixe par litre	»	»
ON A DOSÉ PAR LITRE D'EAU :		
Acide carbonique	gr. 0.072	gr. 0.076
Acide chlorhydrique	0.021	0.010
Acide sulfurique	0.005	0.003
Silice	0.008	0.007
Oxyde de fer	traces	traces
Chaux	0.120	0.124
Magnésie	0.006	0.015
Potasse / Soude	0.063	0.022
Matières organiques	quant. not.	quant. not.
Total	0.295	0.257

Date de l'analyse : 5 juin 1853.

ARRONDISSEMENT DE BOURGES.

EAU POTABLE DU CAMP D'AVOR
(près Bourges),

ADRESSÉE PAR L'INTENDANT MILITAIRE DU CAMP.

	Eau du camp d'Avor.
Résidu fixe par litre	gr. 0.2950
ON A DOSÉ PAR LITRE D'EAU :	
Acide carbonique	gr. 0.2189
Acide chlorhydrique	0.0071
Acide sulfurique	0.0096
Silice	0.0035
Oxyde de fer	0.0014
Chaux	0.1380
Magnésie	0.0075
Potasse	0.0008
Soude	0.0064
Matières organiques	0.0160
Total	0.4092

Date de l'analyse 16 juillet 1873.

ARRONDISSEMENT DE BOURGES.

EAU POTABLE DE LA RIVIÈRE DE L'ARNON,

prise à Livry-sur-Arnon,

REMISE PAR M. AUBERKOFF.

	Rivière de l'Arnon.
Résidu fixe par litre	gr. 0.224
ON A DOSÉ PAR LITRE D'EAU :	
Acide carbonique	gr. 0.163
Acide chlorhydrique	0.009
Acide sulfurique	0.017
Silice	0.007
Oxyde de fer	0.005
Chaux	0.082
Magnésie	0.006
Potasse	0.001
Soude	0.012
Matières organiques	tr. sens.
Total	0.302

Date de l'analyse : 17 février 1867.

DÉPARTEMENT DE LA COTE-D'OR.

ARRONDISSEMENT DE DIJON.

EAUX POTABLES DE LA RIVIÈRE D'OUCHE,

ADRESSÉES PAR LE MAIRE DE DIJON.

	Pont de l'Hôpital, Bief des tanneries.	Pont du chemin de fer, au-dessous des mégisseries.	Pont du Parc au-dessous d'une chocolaterie.
Résidu fixe par litre	gr. 0.258	gr. 0.259	gr. 0.259
ON A DOSÉ PAR LITRE D'EAU :			
Acide carbonique	gr. 0.176	gr. 0.169	gr. 0.150
Acide chlorhydrique	0.020	0.019	0.018
Acide sulfurique	0.017	0.017	0.018
Silice	0.010	0.010	0.015
Oxyde de fer	traces	traces	traces
Chaux	0.131	0.135	0.136
Magnésie	0.030	0.030	0.040
Potasse / Soude	0.020	0.020	0.024
Matières organiques	0.030	0.030	0.193
Total	0.434	0.430	0.594

Date de l'analyse : 4 mars 1868.

DÉPARTEMENT DE LA DORDOGNE.

ARRONDISSEMENT DE BERGERAC.

EAU POTABLE DE BARDICALETS

(près Bergerac),

REMISE PAR M. FAUCHEZ.

	Eau de Bardicalets.
Résidu fixe par litre	gr. 0.330
ON A DOSÉ PAR LITRE D'EAU :	
Acide carbonique	gr. 0.280
Acide chlorhydrique	0.060
Acide sulfurique	traces
Silice	0.010
Oxyde de fer	traces
Chaux	0.070
Magnésie	0.020
Potasse Soude	0.020
Total	0.460

Date de l'analyse : 23 juin 1859.

DÉPARTEMENT DE L'EURE.

ARRONDISSEMENT D'ÉVREUX.

EAU POTABLE D'UN PUITS ARTÉSIEN A VERNON,

REMISE PAR M. DE CHANCOURTOIS, INGÉNIEUR EN CHEF DES MINES.

	Puits de Vernon.
Résidu fixe par litre	gr. 0.389
ON A DOSÉ PAR LITRE :	—
Acide carbonique	gr. 0.200
Acide chlorhydrique	0.040
Acide sulfurique	traces
Silice et argile	0.080
Oxyde de fer	0.050
Chaux	0.160
Magnésie	0.035
Potasse / Soude	0.015
Matières organiques	0.050
Total	0.630

Date de l'analyse : 4 août 1870.

DÉPARTEMENT D'EURE-ET-LOIR.

ARRONDISSEMENT DE CHARTRES.

EAU POTABLE D'UN PUITS DE LA VILLE DE CHARTRES,

ADRESSÉE PAR LE MAIRE DE CHARTRES.

	Puits de Chartres.
Résidu fixe par litre	gr. 0.518
ON A DOSÉ PAR LITRE D'EAU :	
Acide carbonique	gr. 0.230
Acide chlorhydrique	0.026
Acide sulfurique	0.021
Silice	0.028
Oxyde de fer	0.005
Chaux	0.170
Magnésie	0.003
Potasse	0.009
Soude	0.039
Matières organiques	traces
Total	0.531

Date de l'analyse : 1er juillet 1867.

DÉPARTEMENT DU GARD.

ARRONDISSEMENT DU VIGAN.

EAU POTABLE DE FIGARET

(près Saint-Hippolyte-du-Fort),

REMISE PAR M. MOULINÉ.

	Eau de Figaret.
Résidu fixe par litre	gr. 0.310
ON A DOSÉ PAR LITRE D'EAU :	
Acide carbonique	gr. 0.251
Acide chlorhydrique	0.030
Acide sulfurique	0.020
Silice	0.025
Oxyde de fer	traces
Chaux	0.120
Magnésie	traces
Potasse / Soude	0.052
Matières organiques	»
Total	0.498

Date de l'analyse : 9 mars 1861.

DÉPARTEMENT DE L'INDRE.

ARRONDISSEMENT DE CHATEAUROUX.

EAUX POTABLES

DESTINÉES A L'ALIMENTATION DE LA VILLE DE CHATEAUROUX,

ADRESSÉES PAR LE MAIRE DE CHATEAUROUX.

	N° 1.	N° 2.	N° 3.
Résidu fixe par litre	gr. 0.330	gr. 0.341	gr. 0.190
ON A DOSÉ PAR LITRE D'EAU :			
Acide carbonique	gr. 0.176	gr. 0.176	gr. 0.134
Acide chlorhydrique	0.190	0.090	0.015
Acide sulfurique	0.005	0.005	0.005
Silice	traces	traces	traces
Oxyde de fer	traces	traces	traces
Chaux	0.010	0.119	0.085
Magnésie	0.015	0.015	0.011
Potasse / Soude	0.010	0.010	traces
Total	0.406	0.415	0.250

Date de l'analyse : 17 novembre 1859.

ARRONDISSEMENT D'ISSOUDUN.

EAUX POTABLES
DESTINÉES A L'ALIMENTATION DE LA VILLE D'ISSOUDUN,
ADRESSÉES PAR LE MAIRE D'ISSOUDUN.

	1	2	3	4	5	6	7	8	9	10	11
	gr.	gr.	gr.	gr.	gr.	gr.	gr.	gr.	gr.	gr.	gr.
Résidu fixe par litre	0.260	0.270	0.3200	0.3600	0.3500	0.330	0.3200	0.3700	0.2900	0.2800	0.291
ON A DOSÉ PAR LITRE D'EAU :	gr.	gr.	gr.	gr.	gr.	gr.	gr.	gr.	gr.	gr.	gr.
Acide carbonique	0.200	0.1648	0.1950	0.2125	0.2184	0.2050	0.1985	0.2242	0.2480	0.2056	0.2098
Acide chlorhydrique	traces	0.0092	0.0104	0.0127	0.0116	0.0138	0.0145	0.0152	0.0076	0.0081	0.0088
Acide sulfurique	traces	0.0084	0.0096	0.0102	0.0098	0.0089	0.0091	0.0098	0.0034	0.0092	0.0109
Silice	»	0.0045	0.0055	0.0052	0.0050	0.0060	0.0055	0.0060	0.0180	0.0115	0.0130
Oxyde de fer	»	0.0035	0.0030	0.0025	0.0030	0.0025	0.0028	0.0020	0.0032	0.0038	0.0034
Chaux	0.145	0.1260	0.1430	0.1540	0.1560	0.1460	0.1330	0.1600	0.1230	0.1220	0.1260
Magnésie	traces	0.0074	0.0109	0.0128	0.0116	0.0125	0.0085	0.0092	0.0146	0.0110	0.0117
Potasse	traces	0.0013	0.0016	0.0014	0.0010	0.0018	0.0020	0.0020	traces	traces	traces
Soude		0.0082	0.0086	0.0105	0.0080	0.0122	0.0130	0.0125	0.0078	0.0072	0.0076
Matières organiques	traces	0.0200	0.0220	0.0250	0.0230	0.0180	0.0250	0.0200	0.0140	0.0060	0.0070
Total	0.345	0.3533	0.4096	0.4468	0.4474	0.4267	0.4119	0.4609	0.4396	0.3844	0.3982

Date de l'analyse : (1) 22 octobre 1876. — (2 à 7) 10 janvier 1875. — (8 à 11) 30 septembre 1876.

DÉPARTEMENT DE LOIR-ET-CHER.

ARRONDISSEMENT DE ROMORANTIN.

EAU POTABLE DE LA MOTTE-BEUVRON,

REMISE PAR M. FLANDRIN, AUDITEUR AU CONSEIL D'ÉTAT.

	Eau de la Motte-Beuvron.
Résidu fixe par litre	gr. 0.400
ON A DOSÉ PAR LITRE D'EAU :	
Acide carbonique	gr. 0.050
Acide chlorhydrique	0.120
Acide sulfurique	0.060
Silice	0.050
Oxyde de fer	0.030
Chaux	0.140
Magnésie	0.030
Potasse	»
Soude	traces
Matières organiques	»
Total	0.480

Date de l'analyse : 15 mars 1859.

DÉPARTEMENT DE LA LOIRE-INFÉRIEURE.

ARRONDISSEMENT DE NANTES.

EAU POTABLE DESTINÉE A L'ALIMENTATION DE LA COMMUNE DE LÉGÉ,

ADRESSÉE PAR LE MAIRE DE LÉGÉ.

	Puits du Sapin.
Résidu fixe par litre	gr. 0.3300
ON A DOSÉ PAR LITRE D'EAU :	
Acide carbonique	gr. 0.2129
Acide chlorhydrique	0.0355
Acide sulfurique	0.0206
Silice	0.0160
Oxyde de fer	0.0075
Chaux	0.1020
Magnésie	0.0183
Potasse	»
Soude	0.0362
Matières organiques	0.0180
Total	0.4670

Date de l'analyse : 30 septembre 1874.

ARRONDISSEMENT DE SAINT-NAZAIRE.

EAU CHLORURÉE D'UN PUITS ARTÉSIEN

Creusé dans le nouveau bassin du port dit de Penhouët, à Saint-Nazaire,

ADRESSÉE PAR LE MAIRE DE SAINT-NAZAIRE.

	Puits artésien de Penhouët.
Résidu fixe par litre	gr. 1.5200
ON A DOSÉ PAR LITRE D'EAU :	
Acide carbonique des bicarbonates	gr. 0.2374
Acide chlorhydrique	0.7467
Acide sulfurique	0.0034
Silice	0.0350
Oxyde de fer	0.0056
Chaux	0.0672
Magnésie	0.0585
Potasse	0.0154
Soude	0.6417
Matières organiques	0.0110
Total	1.8219

Date de l'analyse : 31 juillet 1877.

DÉPARTEMENT DU NORD.

ARRONDISSEMENT DE DOUAI.

EAUX POTABLES DESTINÉES A L'ALIMENTATION DE LA VILLE DE DOUAI,

ADRESSÉES PAR LE MAIRE DE DOUAI.

	Source de la couche supérieure de la craie.	Sans désignation.	Source Harblaing. craie.	Flouvain, au bas de la craie.	Rœux, craie.	Fontaine Gambier, Flers.	Forage de Flers.
Résidu fixe par litre	gr. 0.2950	gr. 0.4700	gr. 0.3300	gr. 0.2800	gr. 0.2400	gr. 0.3250	gr. 0.3350
ON A DOSÉ PAR LITRE D'EAU :							
Acide carbonique	gr. 0.2456	gr. 0.3082	gr. 0.2306	gr. 0.1890	gr. 0.1650	gr. 0.2104	gr. 0.2170
Acide chlorhydrique	0.0127	0.0331	0.0231	0.0175	0.0148	0.0090	0.0178
Acide sulfurique	0.0086	0.0446	0.0109	0.0103	0.0068	0.0240	0.0247
Silice	0.0070	0.0120	0.0085	0.0075	0.0070	0.0190	0.0085
Oxyde de fer	0.0040	0.0050	0.0028	0.0023	0.0022	0.0030	0.0030
Chaux	0.1230	0.1640	0.1340	0.1120	0.0970	0.1280	0.1300
Magnésie	0.0136	0.0256	0.0146	0.0109	0.0092	0.0164	0.0183
Potasse	0.0012	0.0052	0.0051	0.0045	0.0042	0.0013	0.0014
Soude	0.0105	0.0233	0.0162	0.0119	0.0099	0.0151	0.0143
Matières organiques	0.0130	0.0250	0.0120	0.0200	0.0150	0.0140	0.0150
Total	0.4392	0.6460	0	0.3859	0.3311	0.4402	0.4500

Date de l'analyse : (1, 2) 30 juillet 1874. — (3 à 7) 31 juillet 1875.

DÉPARTEMENT DE L'OISE.

ARRONDISSEMENT DE SENLIS.

EAUX POTABLES DESTINÉES A LA VILLE DE SENLIS,

ADRESSÉES PAR LE MAIRE DE SENLIS.

	Eau de puits, non filtrée.	Eau de puits, filtrée.	Eau de la rivière la Nonette.
Résidu fixe par litre	gr. 0.337	gr. 0.362	gr. 0.320
ON A DOSÉ PAR LITRE D'EAU :			
Acide carbonique	gr. 0.061	gr. 0.147	non dosé (trop peu d'eau)
Acide chlorhydrique	0.015	0.112	Id.
Acide sulfurique	0.016	0.015	gr. 0.049
Silice	0.045	0.033	0.030
Oxyde de fer	0.010	traces	traces
Chaux	0.175	0.166	0.200
Magnésie	0.010	0.010	traces
Potasse, Soude	0.015	0.017	0.020
Matières organiques	0.053	0.038	0.046
Total	0.500	0.438	»

Date de l'analyse : 31 décembre 1864.

DÉPARTEMENT DE L'ORNE.

ARRONDISSEMENT DE DOMFRONT.

EAU DE SOURCE DE LA COMMUNE DE FLERS,

ADRESSÉE PAR LE MAIRE DE FLERS.

	Source près Flers.
Résidu fixe par litre	gr. 0.0850
ON A DOSÉ PAR LITRE D'EAU :	
Acide carbonique	gr. 0.0312
Acide chlorhydrique	0.0152
Acide sulfurique	0.0068
Silice	0.0015
Oxyde de fer	traces
Chaux	0.0255
Magnésie	0.0036
Potasse	traces
Soude	0.0096
Matières organiques	traces
Total	0.0934

Date de l'analyse : 8 octobre 1869.

DÉPARTEMENT DU PAS-DE-CALAIS.

ARRONDISSEMENT DE SAINT-OMER.

EAUX DE PUITS DE LA VILLE DE SAINT-OMER,

REMISES PAR L'ARCHITECTE DE LA VILLE.

	Pompe de la rue d'Arras.	Pompe du Cuspel.
Résidu fixe par litre	gr. 0.7500	gr. 0.4100
ON A DOSÉ PAR LITRE D'EAU :		
Acide carbonique	gr. 0.2993	gr. 0.2057
Acide chlorhydrique	0.1245	0.0221
Acide sulfurique	0.0429	0.0223
Silice	0.0250	0.0180
Oxyde de fer	0.0100	0.0060
Chaux	0.2050	0.0550
Magnésie	0.0329	0.0292
Potasse	0.0285	0.0325
Soude	0.0924	0.1076
Acide azotique	traces	»
Total	0.8605	0.4984

Date de l'analyse : 22 janvier 1868.

DÉPARTEMENT DES HAUTES-PYRÉNÉES.

ARRONDISSEMENT D'ARGELÈS.

EAUX POTABLES DE LA VILLE DE CAUTERETS,

REMISES PAR LE DOCTEUR CANDELLÉ.

	Borne-fontaine de Cauterets.	Source de Rieumiset.	Eau du Gave, prise en amont de Cauterets.
Résidu fixe par litre	gr. 0.1242	gr. 0.1105	gr. 0.0489
ON A DOSÉ PAR LITRE D'EAU :			
Acide carbonique	gr. 0.0942	gr. 0.0707	gr. 0.0369
Acide chlorhydrique	0.0035	0.0058	0.0020
Acide sulfurique	0.0068	0.0120	0.0014
Silice	0.0025	0.0020	0.0012
Oxyde de fer	0.0016	0.0012	0.0009
Chaux	0.0560	0.0480	0.0220
Magnésie	0.0054	0.0033	0.0015
Potasse	traces	traces	traces
Soude	0.0030	0.0049	0.0016
Matières organiques	traces	traces	traces
Total	0.1730	0.1479	0.0675

Date de l'analyse : 28 juillet 1876.

ARRONDISSEMENT D'ARGELÈS.

EAUX POTABLES DESTINÉES A L'ALIMENTATION DE LA VILLE DE LOURDES,

ADRESSÉES PAR LE MAIRE DE LOURDES.

	Gave.	Forêt.	Ville.
Résidu fixe par litre	gr. 0.0950	gr. 0.1400	gr. 0.2970
ON A DOSÉ PAR LITRE D'EAU :			
Acide carbonique	gr. 0.0772	gr. 0.1161	gr. 0.2352
Acide chlorhydrique	0.0018	0.0033	0.0127
Acide sulfurique	0.0068	traces	0.0206
Silice	0.0020	0.0025	0.0080
Oxyde de fer	0.0014	0.0018	0.0027
Chaux	0.0340	0.0570	0.1320
Magnésie	0.0092	0.0073	0.0110
Potasse	»	»	»
Soude	0.0015	0.0028	0.0115
Matières organiques	0.0050	0.0080	0.0130
Total	0.1389	0.1988	0.4467

Date de l'analyse : 12 janvier 1875.

ARRONDISSEMENT D'ARGELÈS.

EAU POTABLE DU PETIT SÉMINAIRE DE SAINT-PE,

REMISE PAR LE P. LAPLACE, DIRECTEUR DU PETIT SÉMINAIRE.

	Eau de Saint-Pé.
Résidu fixe par litre	gr. 0.2160
ON A DOSÉ PAR LITRE D'EAU :	
Acide carbonique	gr. 0.1456
Acide chlorhydrique	0.0124
Acide sulfurique	0.0058
Silice	0.0080
Oxyde de fer	0.0053
Chaux	0.0784
Magnésie	0.0146
Potasse	0.0057
Soude	0.0113
Matières organiques	0.0050
Total	0.2921

Date de l'analyse : 10 décembre 1877.

ARRONDISSEMENT DE BAGNÈRES-DE-BIGORRE.

EAU DE SOURCE ADRESSÉE PAR LE MAIRE DE BAGNÈRES-DE-BIGORRE, COMME PROVENANT DE LA PROPRIÉTÉ DE M. COLOMÈS DE JUILLAN.

	Eau de Bagnères-de-Bigorre.
Résidu fixe par litre	gr. 0.7820
ON A DOSÉ PAR LITRE D'EAU :	
Acide carbonique	gr. 0.1940
Acide chlorhydrique	0.0127
Acide sulfurique	0.2746
Silice	0.0070
Oxyde de fer	0.0030
Chaux	0.3150
Magnésie	0.0146
Potasse	traces
Soude	0.0158
Matières organiques	0.0170
Total	0.8537

Date de l'analyse : 3 juin 1875.

DÉPARTEMENT DE SAONE-ET-LOIRE.

ARRONDISSEMENT DE MACON.

EAUX DE CRECHES ET DE MACON,

ENVOYÉES PAR LE PRÉFET DE SAÔNE-ET-LOIRE.

	Eaux de Crèches.			Eau de Mâcon.
	Source au-dessous du pont.	Source au-dessus du pont.	Bassin du déversoir.	
Résidu fixe par litre	»	»	»	»
ON A DOSÉ PAR LITRE D'EAU :				
Acide carbonique	gr. 0.270	gr. 0.192	gr. 0.160	gr. 0.322
Acide chlorhydrique	0.022	0.071	0.060	0.050
Acide sulfurique	0.071	0.023	0.025	0.034
Silice et argile	0.030	0.021	0.010	0.015
Oxyde de fer	0.023	0.020	0.020	0.013
Chaux	0.130	0.060	0.071	0.202
Magnésie	0.021	0.021	0.020	0.025
Potasse	»	»	»	»
Soude	0.040	0.070	0.054	0.025
Matières organiques				
Total	0.607	0.478	0.420	0.686

Date de l'analyse : 21 février 1850.

DÉPARTEMENT DE LA SEINE.

EAU POTABLE DE LA DHUYS,

DESTINÉE A L'ALIMENTATION DE LA VILLE DE PARIS,

REMISE PAR M. BELGRAND, INSPECTEUR GÉNÉRAL DES PONTS ET CHAUSSÉES.

	Eau de la Dhuys.
Résidu fixe par litre	gr. 0.310
ON A DOSÉ PAR LITRE D'EAU :	
Acide carbonique	gr. 0.346
Acide chlorhydrique	0.015
Acide sulfurique	0.003
Silice	traces
Oxyde de fer	traces
Chaux	0.145
Magnésie	0.001
Potasse	0.008
Soude	0.007
Total	0.525
Gaz dissous, mesurés à 15° — Oxygène	cc. 5.959
Gaz dissous, mesurés à 15° — Azote	15.380

Date de l'analyse : 29 juillet 1861.

DÉPARTEMENT DE SEINE-ET-MARNE.

ARRONDISSEMENT DE FONTAINEBLEAU.

EAUX DE LA RIVIERE DE LUNAIN ET DE L'ÉTANG DE VILLERON

(Commune d'Épisy),

REMISES PAR M. DE FAURE.

	Rivière de Lunain	Étang de Villeron
Résidu fixe par litre	»	»
ON A DOSÉ PAR LITRE D'EAU :		
Acide carbonique	gr. 0.2850	gr. 0.2784
Acide chlorhydrique	0.0360	0.0230
Acide sulfurique	0.0170	0.0137
Silice	0.0250	0.0350
Oxyde de fer	traces	traces
Chaux	0.1300	0.1400
Magnésie	0.0400	0.0200
Potasse / Soude	0.0350	0.0200
Matières organiques	tr. not.	tr. not.
Total	0.5680	0.5301

Date de l'analyse : 21 octobre 1858.

ARRONDISSEMENT DE MEAUX.

EAU DE SOURCE POUR LA VILLE DE CRÉCY-EN-BRIE,

ADRESSÉE PAR LE MAIRE DE CRÉCY-EN-BRIE.

	Eau de Crécy-en-Brie.
Résidu fixe par litre	gr. 0.350
ON A DOSÉ PAR LITRE D'EAU :	
Acide carbonique	gr. 0.234
Acide chlorhydrique	0.002
Acide sulfurique	0.020
Silice	0.015
Oxyde de fer	0.010
Chaux	0.215
Magnésie	0.040
Potasse / Soude	0.045
Total	0.581

Date de l'analyse : 7 juillet 1877.

ARRONDISSEMENT DE MELUN.

EAUX SERVANT AUX TROUPES DES CASERNES DE MELUN,

ADRESSÉES PAR M. LE MARÉCHAL, COMMANDANT DU GÉNIE.

	Caserne E.	Manutention.	Cavalerie.	Bâtiment L.	Bâtiment M.	Bâtiment P.	Bâtiment R.	Bâtiment U Nord.	Bâtiment U Sud.	Bâtiment *BB*.
Résidu fixe par litre.	gr. 0.3950	gr. 0.7950	gr. 0.9300	gr. 0.6500	gr. 0.9650	gr. 0.9600	gr. 0.7150	gr. 0.7200	gr. 0.6700	gr. 1.0300
ON A DOSÉ PAR LITRE D'EAU :										
Acide carbonique des carb. neutres.	gr. 0.1410	gr. 0.1215	gr. 0.1846	gr. 0.1562	gr. 0.2094	gr. 0.1838	gr. 0.1568	gr. 0.1758	gr. 0.1816	gr. 0.1539
Acide chlorhydrique	0.0177	0.0368	0.0559	0.0355	0.0610	0.0635	0.0406	0.0381	0.0330	0.0686
Acide sulfurique.	0.0274	0.2643	0.2368	0.1373	0.2334	0.2540	0.1716	0.1476	0.1201	0.3261
Silice.	0.0050	0.0130	0.0120	0.0080	0.0100	0.0125	0.0090	0.0120	0.0030	0.0130
Oxyde de fer.	0.0030	0.0050	0.0040	0.0028	0.0030	0.0040	0.0032	0.0030	0.0025	0.0045
Chaux.	0.1650	0.2950	0.3700	0.2600	0.3620	0.3650	0.2830	0.3020	0.2650	0.3720
Magnésie.	0.0240	0.0320	0.0230	0.0250	0.0420	0.0330	0.0270	0.0200	0.0360	0.0460
Potasse. . . . . / Soude.	0.0151	0.0313	0.0477	0.0304	0.0520	0.0542	0.0346	0.0324	0.0281	0.0587
Matières organiques	0.0070	0.0100	0.0100	0.0060	0.0085	0.0090	0.0070	0.0070	0.0090	0.0080
Total.	0.4052	0.8089	0.9440	0.6612	0.9813	0.9790	0.7328	0.7379	0.6833	0.[illegible]508

Date de l'analyse : 20 novembre 1873.

ARRONDISSEMENT DE PROVINS.

EAUX POTABLES DE NANGIS,

ADRESSÉES PAR LE MAIRE DE NANGIS.

	Eau de Jouy-le-Chatel, commune de Nangis.	Eau de Vaudoy, arrondissement de Coulommiers.	Eau dite des tanneries.
Résidu fixe par litre	gr. 0.3100	gr. 0.3250	gr. 0.2164
ON A DOSÉ PAR LITRE D'EAU :			
Acide carbonique	»	»	gr. 0.2164
Acide chlorhydrique	»	»	0.0279
Acide sulfurique	»	»	0.0481
Silice	»	»	0.0082
Oxyde de fer	»	»	0.0043
Chaux	»	»	0.1130
Magnésie	»	»	0.0219
Potasse	»	»	»
Soude	»	»	0.0238
Matières organiques	»	»	0.0110
Total	»	»	0.4746

Date de l'analyse : 27 mars 1874.

ARRONDISSEMENT DE PROVINS.

EAU POTABLE DE RAMPILLON, PRES NANGIS,

ADRESSÉE PAR LE MAIRE DE RAMPILLON.

	Eau de Rampillon.
Résidu fixe par litre	gr. 0.2700
ON A DOSÉ PAR LITRE D'EAU :	
Acide carbonique	gr. 0.2267
Acide chlorhydrique	0.0197
Acide sulfurique	0.0103
Silice	0.0080
Oxyde de fer	0.0030
Chaux	0.0950
Magnésie	0.0218
Potasse	traces
Soude	0.0152
Matières organiques	0.0120
Total	0.4117

Date de l'analyse : 13 décembre 1873.

DÉPARTEMENT DE SEINE-ET-OISE.

ARRONDISSEMENT DE MANTES.

EAUX POTABLES DE LA CHESNAYE

(Commune de Houdan),

REMISES PAR M. BRASSEUR.

	Eau de la pompe.	Eau du ruisseau.
Résidu fixe par litre	gr. 0.2330	gr. 0.1540
ON A DOSÉ PAR LITRE D'EAU :		
Acide carbonique	gr. 0.0852	gr. 0.0573
Acide chlorhydrique	0.0304	0.0228
Acide sulfurique	0.0377	0.0109
Silice	0.0110	0.0050
Oxyde de fer	0.0052	0.0085
Chaux	0.0560	0.0340
Magnésie	0.0146	0.0044
Potasse	»	»
Soude	0.0283	0.0234
Matières organiques	0.0170	0.0280
Total	0.2854	0.1943

Date de l'analyse : 30 janvier 1875.

ARRONDISSEMENT DE PONTOISE.

EAU DESTINÉE A L'ALIMENTATION DE LA COMMUNE DE CERGY,

Provenant du puits de Ham,

ADRESSÉE PAR LE MAIRE DE CERGY.

	Eau du Puits de Ham.
Résidu fixe par litre	gr. 1.063
ON A DOSÉ PAR LITRE D'EAU :	
Acide carbonique.	gr. 0.264
Acide chlorhydrique	0.137
Acide sulfurique.	0.203
Silice.	0.027
Oxyde de fer et alumine.	0.002
Chaux.	0.241
Magnésie	0.035
Potasse.	0.058
Soude.	0.122
Matières organiques	traces sensibles
Total.	1.089

Date de l'analyse : 20 août 1866.

ARRONDISSEMENT DE VERSAILLES.

EAUX POTABLES DESTINÉES A L'ALIMENTATION DE LA VILLE DE MEULAN,

ADRESSÉES PAR LE MAIRE DE MEULAN.

	Eau d'Hardricourt.	Eau du puits Brunet.	Eau de Gallion.	Eau de Rozélan.	Source de l'Enterrement	Source Bouichon.
Résidu fixe par litre . . .	gr. 0.270	gr. 0.448	gr. 0.220	gr. 0.370	»	»
ON A DOSÉ PAR LITRE D'EAU :						
Acide carbonique.	gr. 0.120	gr. 0.323	gr. 0.050	gr. 0.080	gr. 0.090	gr. 0.230
Acide chlorhydrique	0.050	0.021	0.090	0.013	»	»
Acide sulfurique.	0.020	0.041	0.010	0.040	0.136	0.882
Silice.	0.010	0.004	0.020	0.020	»	»
Oxyde de fer.	traces	0.007	traces	traces	»	»
Chaux.	0.120	0.155	0.090	0.110	0.097	0.818
Magnésie.	0.040	0.026	0.040	0.010	»	»
Potasse.	»	0.003	»	»	»	»
Soude.	traces	0.026	traces	traces	»	»
Matières organiques	»	»	»	»	quantité très-considér.	traces
Total.	0.360	0.026	0.300	0.390	»	»

Date de l'analyse : (1 à 4) 11 juin 1865. — (5, 6) 8 janvier 1867.

ARRONDISSEMENT DE VERSAILLES.

EAU D'UN PUITS FORÉ A SAINT-CLOUD

(sous le grès vert, à 46 mètres de profondeur),

REMISE PAR M. ARMENGAUD.

	Eau de puits.
Résidu fixe par litre	gr. 2.370
ON A DOSÉ PAR LITRE D'EAU :	
Acide carbonique	gr. 1.850
Acide chlorhydrique	0.050
Acide sulfurique	0.260
Silice	0.020
Oxyde de fer	0.010
Chaux	0.760
Magnésie	0.170
Potasse	traces
Soude	traces
Total	3.120

Date de l'analyse : 23 juin 1859.

DÉPARTEMENT DE LA SOMME.

ARRONDISSEMENT D'AMIENS.

EAUX POTABLES DES ENVIRONS D'AMIENS.

REMISES PAR M. LEULLIER.

	Source Saint-Cyr.	Source Marie Caron.	Source des Frères	Puits foré.
Résidu fixe par litre	gr. 0.3402	gr. 0.4313	gr. 0.3174	gr. 0.4725
ON A DOSÉ PAR LITRE D'EAU :				
Acide carbonique	gr. 0.2455	gr. 0.2734	gr. 0.2095	gr. 0.2858
Acide chlorhydrique	0.0147	0.0312	0.0216	0.0331
Acide sulfurique	0.0146	0.0206	0.0154	0.0309
Silice	0.0090	0.0105	0.0075	0.0095
Oxyde de fer	0.0045	0.0050	0.0042	0.0055
Chaux	0.1572	0.1785	0.1355	0.1955
Magnésie	0.0052	0.0115	0.0025	0.0155
Potasse	0.0032	0.0118	0.0086	0.0152
Soude	0.0147	0.0317	0.0231	0.0294
Total	0.4686	0.5742	0.4279	0.6204

Date de l'analyse : 3 août 1867.

DÉPARTEMENT DU TARN.

ARRONDISSEMENT DE CASTRES.

EAU POTABLE DE LA CAUSSADE

(Commune de Viviers-les-Montagnes),

REMISE PAR M. DUPONT, INSPECTEUR GÉNÉRAL DES MINES, AU NOM DE M. DE SÉGANVILLE.

	Eau de la Caussade.
Résidu fixe par litre	gr. 0.4038
ON A DOSÉ PAR LITRE D'EAU :	
Acide carbonique des bicarbonates	gr. 0.2774
Acide chlorhydrique	0.0293
Acide sulfurique	0.0109
Silice	0.0136
Oxyde de fer	0.0047
Chaux	0.1580
Magnésie	0.0164
Potasse	0.0078
Soude	0.0265
Matières organiques	0.0075
Total	0.5521

Date de l'analyse : 17 novembre 1876.

PARIS. — TYPOGRAPHIE LAHURE
Rue de Fleurus, 9

www.ingramcontent.com/pod-product-compliance
Ingram Content Group UK Ltd.
Pitfield, Milton Keynes, MK11 3LW, UK
UKHW020333230726
13925UKWH00002B/781

9 782013 454834